Reynaldo Rodríguez Gross

Perfeccionamiento del programa de mejora de la caña de azúcar en Cuba

Reynaldo Rodríguez Gross

Perfeccionamiento del programa de mejora de la caña de azúcar en Cuba

Estrés por déficit hídrico

PUBLICIA

Impressum / Aviso legal
Bibliografische Information der Deutschen Nationalbibliothek: Die Deutsche Nationalbibliothek verzeichnet diese Publikation in der Deutschen Nationalbibliografie; detaillierte bibliografische Daten sind im Internet über http://dnb.d-nb.de abrufbar.

Información bibliográfica de la Deutsche Nationalbibliothek: La Deutsche Nationalbibliothek clasifica esta publicación en la Deutsche Nationalbibliografie; los datos bibliográficos detallados están disponibles en internet en http://dnb.d-nb.de.

Coverbild / Imagen de portada: www.ingimage.com

Verlag / Editorial:
PUBLICIA
ist ein Imprint der / es una marca de
ICS Morebooks! Marketing SRL
4, Industriala street, 3100 Balti, Republic of Moldova
Email / Correo Electrónico: info@omniscriptum.com

Herstellung: siehe letzte Seite /
Publicado en: consulte la última página
ISBN: 978-3-8416-8460-8

Zugl. / Aprobado por: Universidad Agrária de La Habana 2012

INSTITUTO DE INVESTIGACIONES
DE LA CAÑA DE AZÚCAR
UNIVERSIDAD AGRARIA DE LA HABANA

PERFECCIONAMIENTO DEL PROGRAMA DE MEJORA GENÉTICA DE LA CAÑA DE AZÚCAR (*Saccharum* spp.) PARA LA OBTENCIÓN DE NUEVOS GENOTIPOS TOLERANTES AL ESTRÉS POR DÉFICIT HÍDRICO

Autor: Ing. Reynaldo Rodríguez Gross

Santiago de Cuba
2012

SÍNTESIS

El Programa de Mejora Genética de la caña de azúcar en la región sur-oriental de Cuba, posee un solo sitio de prueba para la selección de nuevos cultivares, que solamente representa 32% de los suelos predominantes en esa región. Por otra parte, se registran cambios en el clima de Cuba, con un incremento de los eventos de sequía. Estos elementos hacen necesario el perfeccionamiento del Programa de Mejora Genética para la obtención de nuevos cultivares tolerantes a condiciones de estrés por déficit hídrico. Con tal finalidad, se evaluaron 15 cultivares en seis localidades de esta región, afectadas con estrés por déficit hídrico. Se utilizaron variables de lluvia, suelo y rendimiento en la caracterización de los sitios experimentales y además fueron evaluadas variables del rendimiento cañero, las que se asociaron a variables morfofisiológicas, con inclusión del sistema radical. Se aplicaron métodos uni y multivariados de análisis para evaluar ambientes y genotipos. Se obtuvo un algoritmo para clasificar nuevos genotipos de caña de azúcar con respecto a su tolerancia al estrés por déficit hídrico a partir de las variables densidad de raíces finas de 0 a 40 cm de profundidad de suelo, volumen del tallo, área foliar de la hoja +5 e índice de área foliar. Se determinó que es insuficiente en la zona estudiada utilizar un solo sitio de prueba de nuevos cultivares; se recomienda una propuesta red más representativa en dos variantes de cinco (América Libre, Julio A. Mella, Enidio Díaz, Manuel Tames y Paquito Rosales) y tres localidades (América Libre, Julio A. Mella y Enidio Díaz) respectivamente. Asimismo, se determinaron y recomendaron los cultivares de mejor respuesta a cada localidad: C128-83 y C87-632 (Paquito Rosales y América Libre), C90-530, C86-531 y C89-559 (Enidio Díaz y Manuel Tames), C89-250 y C90-317 (Julio Antonio Mella), así como cultivares de amplia adaptabilidad (C88-380, C86-156 y C86-12).

TABLA DE CONTENIDO

1. INTRODUCCIÓN

En Cuba el níquel, el azúcar y los productos para la salud de la industria biotecnológica constituyen los tres principales renglones de exportación (Castro, 2008). En los dos últimos años se comienzan a materializar los resultados esperados del proceso de perfeccionamiento del sector azucarero; se detuvo el decrecimiento de la producción de azúcar y se muestran signos alentadores de recuperación de los niveles requeridos (Castro, 2011). Estos elementos, unido al alza de los precios del azúcar en los mercados internacionales, demanda una mayor eficiencia en todo el proceso desde la agricultura hasta la industria.

De las tierras resultantes del proceso de perfeccionamiento de la agricultura cañera, aún existen áreas que potencialmente puede afectarse por estrés por déficit hídrico, debido a sus limitaciones en cuanto a drenaje excesivo en combinación con un bajo nivel de precipitaciones (Villegas y Benítez, 2003). Con estas características se agrupa el 24,5% del área cañera de la parte sur del oriente del país, donde son dedicadas al cultivo de la caña de azúcar un total de 101583 ha (provincias Granma, Santiago de Cuba y Guantánamo).

Si a las limitaciones anteriores se le añade el efecto que desde finales del pasado siglo produce el cambio climático (aumento de la temperatura mínima y media del aire en 1,4 y 0,6° Celsius respectivamente e incremento de los eventos de sequía meteorológica con déficit anual de 57 mm de lluvia, Centella y col., 2006) y que las capacidades de regadío solo satisfacen el 3,7% del área cañera, puede comprenderse la necesidad de buscar una solución, que permita elevar los potenciales de producción de esas áreas que apenas rebasan el 60% (MINAZ, 2009).

En ese contexto, una de las soluciones más prácticas y económicas se encuentra en la obtención de genotipos con cierto grado de tolerancia, mediante el desarrollo de programas de mejoramiento genético. Para esto será necesario acercar cuanto más se pueda, los ambientes de selección de los cultivares a los ambientes de destino, distanciados en los últimos años a causa de las limitaciones económicas del país, cuando la red para estudios mutiambientales se redujo de 30 a 13 ambientes (García, 2007; Jorge y col., 2010a).

En Cuba se han realizado numerosos estudios relacionados con la evaluación de genotipos en diferentes ambientes de producción y sus implicaciones en el mejoramiento de los rendimientos cañeros y azucareros (Gálvez, 1978; Bernal, 1986; López, 1986; Castro, 1991; Vega, 1993; González, 1995; Jorge, 1996). Los resultados de estos estudios reiteran la importancia y significación de la interacción genotipo-ambiente, lo que apunta a la necesaria evaluación multiambiental de los cultivares durante el proceso de selección, fundamentalmente en las etapas finales (Gilbert y col., 2006). Sin embargo, actualmente solo se dispone de un sitio de prueba para dar respuesta al macizo cañero de la región sur-oriental donde están representados el 32% de los suelos predominantes, lo que refleja la necesidad de disponer de una red más representativa en esa zona.

Los trabajos de mejoramiento genético en relación a la sequía agrícola, desarrollados con anterioridad en el país, se han limitado en la región oriental a zonas específicas de la provincia Holguín (Cruz, 2000) y los restantes a Villa Clara y Cienfuegos en el centro de Cuba, cuyos resultados indican que la selección para este tipo de estrés solo será efectiva bajo tales condiciones (García, 2004).

Por otra parte el conocimiento de la arquitectura y distribución del sistema radical de la caña de azúcar y su relación con la respuesta de los cultivares al estrés por sequía es muy limitado y su estudio poco frecuente (Sakaigaichi y col, 2007; Chopart y col., 2008).

A partir de la problemática anterior se desarrolló este trabajo bajo la siguiente hipótesis:

"El estudio de la caña de azúcar en diferentes localidades al sur de la región oriental de Cuba, afectadas por estrés por déficit hídrico, así como el conocimiento de los aspectos genéticos y fisiológicos que determinan su tolerancia a estas condiciones, permite elevar la eficiencia del Programa de Mejoramiento para la obtención de nuevos genotipos tolerantes a estas condiciones e incrementar los rendimientos agroindustriales".

Para la demostración de la hipótesis anterior se trazaron los siguientes objetivos:

1.1. Objetivo general

Perfeccionar el Programa de Mejora Genética de la caña de azúcar para la obtención de nuevos genotipos tolerantes a condiciones de estrés por déficit hídrico.

1.2. Objetivos específicos

1. Evaluar una nueva red de sitios de prueba, con un mayor grado de representatividad del estrés por déficit hídrico en el sur de la región oriental del país, que contribuya al perfeccionamiento del Programa de Mejora Genética de la caña de azúcar para la obtención de nuevos cultivares.

2. Determinar la adaptabilidad y estabilidad fenotípica de nuevos cultivares en condiciones de estrés por déficit hídrico, así como recomendar los que resulten tolerantes.
3. Definir indicadores morfofisiológicos asociados con la tolerancia al estrés por déficit hídrico, que permitan predecir el comportamiento de los genotipos y contribuya con la eficiencia de la selección.

1.2 Novedad Científica

Las principales **novedades científicas** del trabajo que se presenta son:

- Se confeccionó un árbol de clasificación para el pronóstico de la tolerancia a condiciones de estrés por déficit hídrico, a partir de indicadores morfofisiológicos, donde se incluyen por primera vez variables de sistema radicular de los genotipos, lo que repercutirá en la eficiencia del Programa de Mejora Genética de la caña de azúcar.
- Se realizó un estudio genético-estadístico del estrés por déficit hídrico en la región sur-oriental de Cuba sin antecedentes previos, que incluyó la caracterización edafoclimática de los ambientes de producción, las principales fuentes de interacción genotipo-ambiente y la clasificación de las localidades en la etapa final del esquema de selección establecido por el Programa de Mejora.
- Aplicación del método de Regresión de Sitios en el estudio de la interacción genotipo-ambiente y la estabilidad de los cultivares, con resultados satisfactorios, nunca antes realizado en el cultivo de la caña de azúcar en Cuba, lo que permitió ampliar el conocimiento sobre su uso, así como perfeccionar el proceso de selección.

1.3 Aplicación práctica

- Recomendación de los cultivares de tolerancia media y adaptación específica:
  - C128-83 y C87-632 (Paquito Rosales y América Libre)
  - C90-530, C86-531 y C89-559 (Enidio Díaz y Manuel Tames)
  - C89-250 y C90-317 (Julio Antonio Mella)
- Recomendación de los cultivares tolerante de amplia adaptabilidad y alto rendimiento: C88-380, C86-156 y C86-12
- Ampliación de la red experimental en tres o cinco sitios, en dependencia de los recursos disponibles, que permiten una mayor correspondencia entre ambientes

de selección y ambientes de destino, principalmente para las condiciones de estrés por déficit hídrico y con ello se incrementa la eficiencia del Programa de Mejora Genética en el sur del oriente del país.

2. REVISIÓN BIBLIOGRÁFICA

2. 1. El cultivo de la caña de azúcar. La Agroindustria azucarera cubana

La caña de azúcar es cultivada en el mundo por más de 100 países sobre un área de 22 millones de hectáreas, que representan aproximadamente el 0,5% del total dedicado a la agricultura (FAOSTAT, 2008). La producción mundial de azúcar para el período 2009-2010 se estimó en 159,6 millones de toneladas; además, se registró una tendencia al incremento de los precios del azúcar (IAPSIT, 2009).

El inicio de la Industria Azucarera en Cuba se remonta a principios de 1523, cuando por una orden del rey de España se les facilitó 4000 pesos en oro, en calidad de préstamo, a todas aquellas personas residentes en el país que estuvieran interesadas en construir ingenios para la producción de azúcar. Sin embargo, no es hasta los años 1844 y 1845 que la industria azucarera cobró gran impulso, debido al azote de dos intensos huracanes que arrasaron con, prácticamente, todas las plantaciones cafetaleras. Desde ese momento, Cuba se convirtió en el principal productor y exportador de azúcar (Castro, 2002).

El desaprovechamiento de la superficie agrícola y los bajos rendimientos cañeros, unido a lo obsoleto de la mayor parte de la tecnología industrial, indicaron la necesidad de reformular la agroindustria azucarera (Pérez y col., 2004a). Esta situación condujo al Grupo Azucarero a realizar una evaluación de la aptitud física de las tierras que reservara la producción de caña en los mejores suelos (aptos y moderadamente aptos) (Villegas y Benítez, 2003).

Sobre la base de la evaluación de la aptitud física de las tierras, se procedió al reordenamiento de la agroindustria azucarera en Cuba, lo que condujo a una reducción de los centrales azucareros, quedando activos solo 56 de los 71 que existían anteriormente. (Jorge y col., 2010b). De esta manera, los trabajos de Fitomejoramiento deberán estar encaminados a enfrentar la diversificación de la industria azucarera.

2.1.1. Ajustes en los sitios de selección y destino de los cultivares

En 1997 el país contaba con una infraestructura para la investigación–desarrollo de la caña de azúcar, que incluía la obtención de nuevos cultivares y el desarrollo de tecnologías específicas para las diferentes condiciones agroclimáticas del país. El Instituto de Investigaciones de la Caña de Azúcar (INICA) contaba con 13 estaciones experimentales, una de cuarentena y otra de ingeniería agrícola, además de 30 bloques experimentales y 57 puntos para la extensión y validación de las variedades recomendadas (Bernal y col., 1997). No obstante, el INICA hasta el año 2009 había liberado 47 nuevos cultivares.

En armonía con el perfeccionamiento el sector azucarero, el mejoramiento genético del cultivo se basa en la estrategia de que ambientes de destino y de selección estén lo más relacionado posible, a pesar de los necesarios ajustes que se han tenido que realizar por limitaciones económicas imperantes en el país. La red de estudios multiambientales se redujo a 13 sitios y como alternativa para las zonas con riesgos potenciales de estrés por déficit hídrico, se desarrolla la evaluación participativa de variedades en áreas comerciales, lo que le permite al productor cañero participar en la evaluación y selección de los cultivares que después usará comercialmente (Jorge y col., 2010b).

Una muestra de lo anterior se hace más evidente en el territorio oriente-sur, donde la selección de nuevos cultivares se realiza únicamente en el bloque experimental de la Empresa Azucarera "América Libre" de la provincia Santiago de Cuba.

2.1.2. Principales suelos y factores limitantes para la producción agrícola

Villegas y Benítez (2003) informaron que entre los principales tipos de suelos dedicados al cultivo de la caña de azúcar en Cuba se encuentran los Pardos sialíticos (30,3%), Vertisol pélico (22,2%), Ferralítico rojo (14%), Ferralítico amarillento (13,2%), Fersialítico pardo (6,1%) y Fluvisol (4,5%). En la región sur-oriental predominan los Vertisol (35,6%), Pardo sialítico (32,6%), Fluvisol (15,3%); así como los Fersilítico pardo, Ferralítico amarillento y Húmico sialítico.

En Cuba se considera factor limitante del suelo, el que reduce el crecimiento y la productividad de la caña de azúcar (Shishov, 1983). Además del déficit de los elementos nutritivos y de las propiedades no favorables alcalinas o ácidas, pueden encontrarse otros factores limitantes como la poca profundidad del perfil del suelo, contenido de piedras, textura arenosa, formación de concreciones y laterización, agrietamiento y endurecimiento de suelos motmorilloníticos, salinización (Pineda, 2002).

El drenaje excesivo y la alta velocidad de infiltración pueden considerarse los más relacionados con el estrés por el déficit hídrico, que en su interacción con los suelos de textura ligera, producen un baja retención de humedad. Cuando estos factores se combinan con un errático régimen pluviométrico dan origen al típico estrés por sequía.

Benítez y col. (2007), en estudios sobre la evaluación de la aptitud física de las tierras dedicadas al cultivo de la caña de azúcar en Cuba, señalan que el factor edáfico limitante de mayor influencia en la categoría de no aptas fue la profundidad efectiva de los suelos.

La profundidad efectiva también está relacionada con la tolerancia a este estrés, pues según Ponce de León y Balmaceda (1999) es precisamente esta variable, la que determina la profundidad a que las raíces pueden penetrar de acuerdo con sus características botánicas, sin encontrar barreras físicas o químicas. En la parte sur de la región oriental del país, las áreas con estas condiciones alcanzan 24,5% de la superficie cañera, lo que apunta hacia la necesidad de emplear el uso de cultivares tolerantes.

2.2. Requerimientos hídricos de la caña de azúcar

Reynoso (1878), resaltó las exigencias de la caña de azúcar en cuanto al agua, definiéndola como una planta de regadío en su ensayo El Cultivo de la Caña de Azúcar. Al respecto, Fonseca y García (1987), confirmaron el efecto determinante de las épocas de plantación, la evapotranspiración real y la lluvia aprovechable en la definición de las necesidades de agua para la caña de azúcar en el Occidente de Cuba.

González y Cruz (1987) establecieron que la norma neta total y el número de riegos varían en correspondencia con el año climático y la fecha de plantación o de corte en suelos Ferralíticos rojos. Estos autores determinaron que los mayores requerimientos correspondían a la cepa caña planta de frío, con una norma total de 7650–8100 $m^3.ha^{-1}$, entregados en 17–18 riegos en años secos medios. Por su parte, Hernández (2007), en la Empresa Azucarera El Salvador de la provincia Guantánamo, encontró diferencias en los requerimientos hídricos del cultivo en las diferentes cepas (frío, primavera quedada y retoño), al informar consumos totales por cepa de 1420, 1830 y 910 mm, respectivamente.

Guntín y Tejeda (2007), en el norte de la provincia Las Tunas, señalaron diferencias en las necesidades hídricas de la caña de azúcar por tipo de suelo, con normas netas de riego de 287 mm para los suelos Pardos Sialíticos y 316 mm para los Vertisoles. Ferrer y col. (2000), con un enfoque genético–fisiológico de este aspecto y a partir del estudio de un grupo de cultivares de caña de azúcar de alta, media y baja sensibilidad al riego, encontraron que las variables fisiológicas y biofísicas como contenidos de fibra, número de hojas activas, termorresistencia de las membranas celulares y los parámetros de fluorescencia variable de los pigmentos clorofílicos tuvieron un papel importante en la respuesta hídrica de la caña de azúcar.

García y col. (2003), en un estudio sobre sistema de riego por goteo en dos unidades de producción cooperativa de las provincias La Habana y Granma y en cepas de caña planta, cosechadas con 19 y 20 meses de edad, obtuvieron rendimientos de 206 a 223 t caña ha^{-1}, respectivamente. De manera general, estos autores coinciden en resaltar la variación que introduce en los resultados la utilización de diferentes cultivares. Esto presupone una respuesta genética factible de ser mejorada, con la finalidad de obtener genotipos capaces de aportar producciones económicamente ventajosas en condiciones de estrés por déficit hídrico; lo cual es común aún en condiciones de suelos favorables, donde estas situaciones se presentan en determinados períodos.

2.2.1. Cambio climático y la sequía agrícola en Cuba

Se llama cambio climático a la modificación del clima con respecto al historial climático a una escala global o regional. Tales cambios se producen a muy diversas escalas de tiempo y sobre todos los parámetros climáticos: temperatura, precipitaciones, nubosidad, etcétera (Michael y col., 2006). El término suele usarse, de forma poco apropiada, para hacer referencia solamente a los cambios climáticos que suceden en el presente, y es utilizado como sinónimo de calentamiento global. La Convención Marco de las Naciones Unidas sobre el Cambio Climático utiliza el término cambio climático únicamente para referirse al cambio por causas humanas (UNDP, 2008).

La acción humana está representada por la emisión creciente de volúmenes de gases de efecto invernadero, que aumentan la capacidad de retención de la radiación solar de la atmósfera. Además del calentamiento global, el cambio climático implica modificaciones en otras variables, tales como las lluvias globales y sus patrones, la cobertura de nubes y todos los otros elementos del sistema atmosférico (Guirk, y col., 2007).

El aumento de la temperatura global del planeta significa que los diferentes ecosistemas variarán, algunas especies se verán obligadas a abandonar sus hábitats debido a las condiciones cambiantes, mientras que otras estarán floreciendo (Botkin, 2007). Mayhew y col. (2007) señalan que las temperaturas globales previstas para los próximos siglos pueden poner en marcha un nuevo evento de extinción masiva, en el cual el 50% de las especies de animales y plantas sería aniquilado. Otros estudios predicen la extinción entre el 18 y el 35% de una muestra de 1103 animales (Thomas, 2004); por otro lado, Botkin (2007) sugiere que las proyecciones de tasa de extinción son inciertas.

El territorio cubano está situado en la zona de climas tropicales y subtropicales. La extensión total es de 110 922 km^2, con una longitud de este a oeste de 1200 km y un ancho que varía entre 31 y 190 km. La lluvia se encuentra desigualmente distribuida, tanto espacial como temporalmente (Pérez y col., 2004b). En la región oriental de Cuba los acumulados medios anuales de lluvias alcanzan los 1190 mm. Las magnitudes de sus acumulados reflejan acentuada estacionalidad, con un período estacional lluvioso de mayo a octubre, que acumula el 70% del total anual; y un período poco lluvioso de noviembre a abril, que recibe el resto de las precipitaciones (Centella y col., 2006).

Por otra parte, la diferencia en los valores de evaporación media anual es de más de 300 mm entre la provincia Pinar del Río (1700 mm) y Guantánamo (2005 mm). Este comportamiento, unido al de las lluvias, determina que el clima en su conjunto sea más árido en la región oriental (Pérez y col., 2004b).

En el contexto de la agricultura, la sequía no comienza cuando cesa la lluvia, sino cuando las raíces de las plantas no pueden obtener más humedad del suelo (Centella y col., 2006). Según la Organización Meteorológica Mundial "hay Sequía Agrícola cuando la cantidad de precipitación y su distribución, las reservas de agua del suelo y las pérdidas debido a la evaporación se combinan para causar disminuciones considerables del rendimiento de los cultivos y del ganado" (ONS, 2008). Existen tantas definiciones de sequía como objetivos hay para definirlas; sin embargo, un denominador común en todas las definiciones es la escasez de precipitaciones con respecto a un comportamiento normal.

Desde finales de la década del 70 del pasado siglo, el clima cubano registra cambios importantes, como el aumento de la temperatura media del aire en 0,6° Celsius, acompañado de una elevación del valor promedio de la mínima en 1,4° Celsius. En el caso particular de la sequía meteorológica, los eventos moderados y severos se duplicaron en el período de 1961 a 1990 con respecto al período anterior de 1931 a 1960, con un déficit en los acumulados anuales de lluvias de un 10%. Esa disminución se concentra en los meses del período húmedo mayo-octubre (Lapinel y col, 2010a).

En la región oriental los eventos de sequía han sido más acentuados. En el período que abarca desde 1991 a 2005 el déficit acumulado de precipitaciones fue de 800 mm, para un promedio anual de 57 mm (Centella y col., 2006). Recientemente, durante los años 2008 y 2009, ocurrió otro significativo período seco, que afectó extensas zonas agrícolas (Lapinel, 2010b). De igual forma se ha comportado la sequía agrícola, con una afectación normal del 66% del territorio sur-oriental; de ese valor, un 43 % corresponde a áreas con intensidad muy severa y un 34% a zonas con intensidad severa; asimismo, un 17% corresponde a áreas con intensidad moderada, un 5% a superficies con intensidad ligera y un 3% a zonas con intensidad muy ligera (Anexo 1) (Centella y col., 2006).

2.2.2. Agricultura ecológica, sustentable y participativa

El término sostenibilidad o sustentabilidad, aplicado a las actividades agrarias, ha sido objeto de controversias, a pesar de que suele definirse como la capacidad de un agroecosistema para mantener su producción a través del tiempo, cuando es capaz de superar, por un lado, las tensiones y forzamientos ecológicos y, por otro, las presiones socioeconómicas (Altieri y Nicholls, 2000). Astier y Hollands (2007) refieren que cualquier definición de sustentabilidad ha de tener en cuenta las dimensiones cultural y estructural. Desde esta perspectiva, para que un agroecosistema sea sostenible es preciso que el manejo que se haga de él sea ecológicamente sano.

Se han señalado varios atributos para evaluar el grado de sustentabilidad de un agroecosistema. El primero de ellos se refiere a la productividad, que es la habilidad del agroecosistema para satisfacer las necesidades y servicios ambientales requeridos, con la utilización generalmente de indicadores como el rendimiento físico por unidad de superficie (Piedra, 2010).

La agricultura participativa no pretende sustituir a la experimentación científica. Su objetivo es modificarla, mediante la transformación del núcleo central de poder que esta fundamenta en la ciencia; por otro lado, se basa en el conocimiento local, que responde a las prioridades y capacidades de las comunidades rurales; pues acepta, además, que estas comunidades son capaces de desarrollar agroecosistemas eficaces, rentables y sostenibles (Gliessman, 2002).

Sevilla y Woodgate (1997) señalan que la génesis del pensamiento agroecológico, en su vinculación con los estudios dedicados al desarrollo rural, deja claro que los campesinos o agricultores tienen que ser el principio y el fin de toda labor extensionista, y que los técnicos no deben ser más que facilitadores de un proceso de desarrollo que debe surgir desde dentro de las propias comunidades rurales.

2.3. Mejoramiento Genético de la caña de azúcar

Los cultivares comerciales de caña de azúcar son híbridos originados de progenies de cruces entre cañas "nobles" (*Saccharum* officinarum L.) y silvestres (*S.* spontaneum *L.*,

S. sinense Roxb., o *S.* barberi Jesw.), que fueron retrocuzados con *S.* officinarum en un proceso llamado "nobilización" (Edmé y col., 2005). El objetivo central de cualquier programa de mejoramiento de un cultivo de importancia económica es la liberación de cultivares más productivos, resistentes a las principales plagas y adaptados a las más disímiles condiciones de explotación comercial (Bernal y col., 1997).

En los principales cultivos de los Estados Unidos se ha estimado que la contribución del Mejoramiento Genético al incremento de los rendimientos es de alrededor del 50% (Frisvold y col., 1999). Por su parte, Hogarth (1976), en Australia, atribuyó al Mejoramiento Genético el 75% del incremento de los rendimientos de la caña de azúcar. Similar estimación se ha hecho en otros cultivos, con vistas a trazar una estrategia necesaria para lograr mayores avances en este aspecto (Lauer y col., 2001).

En el contexto de la agricultura cañera cubana, con la creación del Instituto de Investigaciones de la Caña de Azúcar (INICA) en 1964, el resultado más relevante se ha obtenido en el mejoramiento genético del cultivo. Esto se ha reflejado en el incremento de los cultivares nacionales, en la composición varietal del país; si en 1943 solo el 2% del área cañera nacional era ocupada por cultivares cubanos, en 1979 era de un 36% (Bernal y col., 1997), y ya al cierre de 2010 era de un 84,8% (INICA-MINAZ, 2011).

Otra línea del Mejoramiento Genético de la caña de azúcar en el país ha sido la obtención de cultivares de alto contenido azucarero (González y col., 2001). También se ha trabajado en la obtención de genotipos para la producción de biomasa, con la finalidad de ser utilizada como alimento animal (Jorge y col., 2010c) o para la producción de energía (Campo y col., 1998); de ahí que se inicien los primeros pasos para dar respuestas a las áreas afectadas por sequía agrícola, salinidad y mal drenaje (Cruz, 2000).

2.3.1. Mejoramiento Genético para la tolerancia a la sequía agrícola

La resistencia ante condiciones ambientales adversas constituye uno de los principales objetivos del Mejoramiento Genético actual. Su naturaleza es generalmente de origen poligénico y los métodos para su obtención son muy diversos (Cornide y col., 1985).

Según Hall (1990), las respuestas de las plantas al estrés ambiental se deben a caracteres que se expresan en los cuatro niveles de organización: desarrollo, estructural, fisiológico y metabólico; de ese modo, mientras unas plantas presentan una gran plasticidad fenotípica, en otras la tolerancia muestra claramente una base genética, que parece depender de varios genes con caracteres aditivos y dominantes.

La eficiencia de la selección en un grupo de ambientes bajo estrés es una función de la repetibilidad o heredabilidad, en un sentido amplio del carácter, medido en el ambiente de selección, y de la correlación genética con el rendimiento bajo estrés en el grupo de ambientes (Atlin y Frey, 1990). En el cultivo del arroz, los mayores esfuerzos han sido dirigidos hacia el análisis genético de caracteres tales como arquitectura del sistema de raíces, potencial de agua en las hojas, ajuste osmótico y contenido relativo de agua (Jongdee y col., 2002; Pantuwan y col., 2002; Toorchi y col., 2003). Sin embargo, esos caracteres carecen de una alta heredabilidad en condiciones de estrés por déficit hídrico (Atlin y Lafitte, 2002).

En estudios sobre poblaciones de arroz de dobles líneas haploide sin selección bajo estrés por déficit hídrico, la heredabilidad en sentido amplio del rendimiento del grano en estado reproductivo, fue comparable con el estimado obtenido para el rendimiento del grano en condiciones sin estrés (Atlin y Lafitte, 2002; Babu y col., 2003; Lanceras y col., 2004). Esto induce a que la selección directa, para el rendimiento bajo estrés por déficit hídrico, sea probablemente efectiva en estas condiciones (Venuprasad y col., 2007).

Cambios en la expresión de proteínas, acumulación y síntesis han sido observados en muchas especies de plantas, como resultado de la exposición de estas al estrés por déficit hídrico durante el crecimiento (Cheng y col., 1993). En caña de azúcar, Menossi y col. (2008) han informado que el estrés por falta de agua causa cambios importantes en el perfil de expresión de 93 genes.

En los últimos años, la resistencia de las plantas a temperaturas extremas está siendo obtenida para algunos cultivos como la papa (Estévez y col., 1994), el arroz (García y González, 1997; Bernier y col., 2007), la soya (Ortiz y col., 2000; Samarah y col., 2006), el tomate (Martínez y col., 2000), el trigo (González y col., 2005). La caña de azúcar no ha quedado al margen de esa dirección del Mejoramiento Genético. Al respecto, Cruz y col. (2000) señalan que los métodos de mejora convencionales tienen amplias posibilidades en el mejoramiento de la tolerancia de la caña de azúcar a la sequía agrícola y la salinidad.

Los avances en el conocimiento de los aspectos fisiológicos y genéticos de la resistencia a la sequía agrícola auguran una amplia aplicación en el mejoramiento de la caña de azúcar. Cruz (2001) señala que en Mauricio, durante la última década, se han fortalecido los trabajos de mejora para adaptación específica; ello ha permitido recomendar dos cultivares tolerantes al estrés por déficit hídrico. Igualmente se destaca el mejoramiento de la caña a bajas temperaturas. En este sentido, Nogueira y col. (2003) han informado en caña de azúcar la expresión de 34 genes cuando el cultivo es sometido a estas condiciones.

Resulta obvio que la resistencia a la sequía agrícola está presente en las plantas y que su mayor o menor expresión obedece a la presencia de sustancias hidrofilillas en el protoplasma y a la habilidad de sintetizar ciertas proteínas. Estas son fabricadas por la planta durante su desarrollo, bajo la influencia del déficit de agua, y no están involucradas en la tolerancia innata a una sequía inesperada y súbita (De Armas y col., 1988).

2.3.2. Interacción genotipo-ambiente en el cultivo de la caña de azúcar

El fenotipo de un individuo es determinado por el genotipo y por el ambiente. Estos dos efectos no siempre son aditivos, lo cual indica que las interacciones genotipo-ambiente están presentes. El resultado de esta interacción es la inconsistencia en el comportamiento de los genotipos en los ambientes (Martín, 2004).

Campbell y Jones (2005) definen la interacción genotipo-ambiente, para un carácter dado, como la respuesta diferencial de un genotipo o cultivar a través de diferentes ambientes, y precisan que es un fenómeno natural que forma parte de la evolución de las especies. Sus efectos permiten el cruzamiento de genotipos aptos a un ambiente específico, así como un comportamiento general aceptable a varios ambientes (Lavoranti, 2003).

El fenómeno de la interacción genotipo-ambiente es preocupación de los mejoradores, por dos razones: primero, porque reduce el progreso de selección y segundo, porque hace imposible interpretar los efectos principales (debidos exclusivamente a los genotipos o al ambiente) (Asfaw y col., 2009).

La evaluación de genotipos a través de distintos ambientes es una de las prácticas más usuales para la recomendación de nuevos cultivares a los productores (Gordon y col., 2006). A menudo, la ocurrencia de la interacción genotipo-ambiente en ensayos multiambientales exige la realización de estudios adicionales, con el propósito de precisar la selección de individuos con adaptabilidad general y específica (Alejos y col., 2006).

Kang (1998), al referirse a las causas que determinan la existencia de interacción genotipo-ambiente, planteó que la mayor interacción puede esperarse cuando, por una parte, existe una amplia variabilidad entre los genotipos para caracteres morfofisiológicos que confieren la resistencia (o susceptibilidad) a uno o más tipos de estrés y, por otra, cuando es apreciable una amplia variación entre los ambientes para la incidencia de los mismos factores de estrés (determinados por el clima, el suelo, factores bióticos, y factores de manejo).

En Cuba, en las últimas tres décadas, se han realizado numerosos estudios relacionados con el tema de la interacción genotipo-ambiente. En la región occidental se destaca el trabajo de Gálvez (1978), en la zona central los estudios de López (1986), Jorge (1996) y García (2004) y en la oriental los trabajos de Bernal (1986), Castro (1991) y González (1995). Estos estudios revelan, comúnmente, una elevada proporción del componente ambiental, superior para el rendimiento agrícola que para el industrial, y la importancia de la replicación de los estudios en tiempo y espacio para explotar de manera conveniente la interacción genotipo-ambiente existente. No obstante, el estudio de este aspecto no ha sido abordado con amplitud en los últimos 15 años, a pesar de los grandes cambios producidos en la industria azucarera cubana.

Los estudios de interacción genotipo-ambiente anteriormente mencionados, fueron desarrollados sin estrés ambiental, y que si en algún caso estuvo presente no fue considerado como tal; por lo que reviste de gran importancia la evaluación de este fenómeno bajo niveles contrastantes como los que están presentes actualmente en más del 30,3% de las áreas cultivadas del país. Por tanto, es primordial la revisión del efecto del ambiente, el genotipo y su interacción en cultivares que se liberan en áreas de producción. Esta revisión no solo es válida para la verificación de los resultados del Programa de Mejora en estos materiales que se liberan, sino también para la selección y recomendación de los mismos a los productores (Gilbert y col., 2006).

2.3.3. Caracterización y clasificación de ambientes

Numerosas investigaciones señalan que los efectos ambientales en el rendimiento de la caña de azúcar pueden deberse a múltiples causas: deficiencia de los nutrientes, presión de las plagas o diferencias en la combinación suelo-clima (Gilbert y col. 2006). Bajo estas condiciones resulta importante la magnitud interacción genotipo-ambiente, para no fracasar en la identificación de la respuesta diferenciada de los genotipos a través de los ambientes (Collaku y col., 2002).

En tal sentido, los principales programas de fitomejoramiento del mundo cañero han prestado atención a la clasificación de los ambientes de prueba, con el objetivo de verificar las similitudes y disimilitudes entre los mismos y cuál es el origen de las mismas (Collaku y col., 2002; Glaz y Kang, 2008).

Los resultados prácticos posibles de obtener serían la reducción de aquellos ambientes con similares poderes de discriminación de los genotipos, o la adopción del más ventajoso de acuerdo con las posibilidades prácticas de conducir los estudios en los mismos. Para este último objetivo se tendría en cuenta la evaluación, en cada uno, de los parámetros genético-estadísticos, para de esta forma poder seleccionar aquellos ambientes donde su magnitud sea mayor y, por consiguiente, superior será también la eficiencia de la selección (Hamdi, 2009).

2.3.3.1 Herramientas estadísticas utilizadas en la evaluación de ambientes

El Análisis de Componentes Principales (ACP) ha sido la técnica estadística multivariada de más amplio uso en la clasificación de ambientes, por su capacidad de reducción de las variables originales suficientemente bien correlacionadas en unos pocos factores o componentes no correlacionados, capaces de explicar, en gran medida, la variabilidad de la muestra original (Annicchiarico, 2002). Bernal (1986) señaló que el ACP resultó efectivo para diferenciar los ambientes (localidades, cepas y ciclos) y consideró que debe ser complementado con el Análisis de Clasificación Automática (ACA).

Por su parte, López (1986), en su estudio, logró determinar las variables más importantes para los caracteres principales de producción (t caña ha^{-1}; porcentaje de pol en caña y t pol ha^{-1}). Sobre esta base aplicó el análisis discriminante, con lo cual logró una clara definición de los ambientes estudiados. Asimismo, García (2004), mediante la aplicación del ACP, consiguió caracterizar y clasificar los sitios de pruebas bajo estrés por déficit hídrico y mal drenaje en la etapa final del proceso de selección de variedades del centro de Cuba.

Otras variantes utilizadas en la clasificación de ambientes, ha sido la combinación del ACP conjuntamente con el análisis de varianza; en un caso, aplicado a la matriz de interacciones genotipo-ambiente (Modelos de Efectos Principales Aditivos e Interacción Multiplicativa, AMMI: *Additive Main Effects and Multiplicative Interaction model*) (Gauch, 1988) y en el otro caso, aplicado al residual que resulta de agregar el efecto del genotipo a la interacción genotipo-ambiente (Modelo de Regresión de Sitios, SREG: *Sites Regression model*) (Yan y col., 2000).

Por su parte, Castro (1991), mediante el ACA y a partir de los residuos de la interacción genotipo-ambiente, logró clasificar los ambientes de acuerdo con el comportamiento relativo de los genotipos en cada una de las variables analizadas (t caña ha^{-1} y porcentaje de pol en caña) y consideró este como complemento de otros análisis para la evaluación de variedades y ambientes.

Otras técnicas multivariadas han sido utilizadas en el empeño de clasificar los ambientes de prueba, tales como el Análisis Factorial de Correspondencia Simple (Milanés y col., 1986), Análisis Factorial de Correspondencia Múltiple (Jorge y col., 1989b) y Análisis Discriminante (Estévez y col., 1988).

2.3.4. Estabilidad y adaptabilidad fenotípica. Métodos estadísticos para su estimación

Bilbro y Ray (1976) señalaron que para obtener éxito en un programa de mejoramiento genético, este debe enfocar sus esfuerzos sobre el rendimiento del genotipo (la media de rendimiento comparado con el testigo), su adaptación (en qué ambiente el genotipo responde mejor), y su estabilidad (consistencia del rendimiento del genotipo comparado con otros).

Finlay y Wilkinson (1963) definieron la estabilidad media de una forma dinámica, para caracterizar un cultivar cuya producción varía de acuerdo con la capacidad de los ambientes. Para Eberhart y Russel (1966) la adaptabilidad se refiere a la capacidad de los genotipos de aprovechar ventajosamente los estímulos del ambiente. Fox y col. (1997) usaron los términos de adaptabilidad y estabilidad para referirse a las dimensiones, espacial y temporal, respectivamente.

En la literatura se manejan muchos conceptos de adaptabilidad y estabilidad, pero de manera general se emplean los términos de Finlay y Wilkinson (1963) y Eberhart y Russel (1966). Dentro de los métodos propuestos para estudiar la estabilidad y adaptabilidad fenotípicas, se encuentran los procedimientos basados en los estimados de la varianza de la interacción genotipo-ambiente (Wricke, 1962 y Shukla, 1972), la regresión lineal simple (Finlay y Wilkinson, 1963; Eberhart y Russell, 1966; Bilbro y Ray, 1976) y la regresión múltiple (Storck y Vencovsky, 1994).

También se encuentran otros métodos multivariados, como el Análisis de Componentes Principales (Crossa, 1990), Análisis de Agrupamiento (Hanson, 1994), Análisis de Coordenadas Principales (Westcott, 1987); y métodos que integran el análisis de varianza (método univariado) con el Análisis de Componentes Principales (método multivariado), como el modelo AMMI (Gauch, 1988) y el modelo de Regresión de Sitios (Yan y col., 2000).

De todos estos métodos, la regresión lineal (Eberhart y Rusell, 1966) ha sido el más ampliamente usado en Cuba (Gálvez 1978, López, 1986, Castro, 1991 y González, 1995). Este método tiene como limitaciones fundamentales que en algunos casos la respuesta de los cultivares no se presenta de manera lineal y que tratan de explicar la interacción a partir de un solo término multiplicativo, lo cual en muchas ocasiones resulta insuficiente (Varela y Castillo, 2005; Varela y col. 2008). La mayor limitación biológica del método está dada en que la estabilidad genotípica relativa de cualquier pareja de genotipos depende no solo del grupo de ambientes incluido, sino también de otros genotipos incluidos en el análisis de regresión (Gálvez, 2010).

El método no paramétrico de Hünh (1979), fue empleado en Cuba por Vega (1993). Este método se basa en los rangos de los genotipos en cada ambiente, considerando i genotipos y j ambientes. De la misma forma, se ha utilizado la Cartografía de los Residuos Individuales, como complemento de los análisis clásicos de adaptabilidad y estabilidad de Eberhart y Rusell (1966).

Castro (1991) fue el primero en emplear la Cartografía de los Residuos Individuales en Cuba. Posteriormente, González (1995) incursionó en este análisis, al indicar con exactitud los ambientes donde los genotipos producen de acuerdo con lo puede esperarse de estos y, por ende, donde sus resultados son estables y hay desviaciones, tanto por encima como por debajo de los rendimientos medios.

La aplicación de técnicas multivariadas al estudio de la interacción genotipo-ambiente ha mostrado ventajas, como son el enfoque global y la interpretación complementada con elementos gráficos. En este contexto y basado en el análisis de Coordenadas Principales, Westcott (1987) propuso un nuevo método de estabilidad. Este análisis es una generalización del análisis de componentes principales, pues usa cualquier medida de similitud entre los individuos (Ibáñez y col, 2001 y Martín, 2004).

2.3.4.1. Modelos AMMI

Los modelos de Efectos Principales Aditivos e Interacción Multiplicativa (AMMI) combinan el Análisis de Varianza (ANOVA) para los efectos principales aditivos, con la descomposición en valores y vectores singulares o Análisis de Componentes Principales (ACP), para la estructura multiplicativa de la interacción de genotipos y ambientes (Gauch, 2007). Estos modelos tienen como objetivo explicar la interacción asociada a un

ANOVA bifactorial, a partir de una representación simultánea de filas (genotipos) y columnas (ambientes) y dan la posibilidad de estudiar el grado de estabilidad de los genotipos, al ser probados en diferentes ambientes. (Varela y Castillo, 2005).

También, son efectivos para varios propósitos: (1) comprensión de la interacción genotipo-ambiente, lo que incluye la clasificación de los ambientes, (2) mejoramiento de la precisión en el rendimiento estimado, lo cual incrementa la probabilidad de éxito de selección de genotipos con altos rendimientos, (3) estimar datos faltantes, (4) incremento de la flexibilidad y eficiencia de los diseños experimentales (Gauch y Zobel, 1996).

La descomposición de la interacción genotipo-ambiente en valores y vectores permite obtener una representación gráfica simultánea de genotipos y ambientes (biplot), en la que se van unir en un plano bidimensional los marcadores de genotipos y ambientes. Para obtener los llamados "marcadores" es necesario multiplicar el valor singular λ a los resultados de los vectores de genotipo ($\boldsymbol{u}_g$) y/o el ambiente ($\boldsymbol{v}_e$) (Gauch, 2008).

En la literatura prevalecen tres métodos para determinar los marcadores, estos son: escala simétrica ($\lambda^{0.5}\boldsymbol{u}_g$ y $\lambda^{0.5}\boldsymbol{v}_e$), escala que conserva la medida de los genotipos ($\lambda\boldsymbol{u}_g$ y $\boldsymbol{v}_e$) y escala que conserva la medida de los ambientes ($\boldsymbol{u}_g$ y $\lambda\boldsymbol{v}_e$). En la representación (biplot) que se realiza con estos marcadores, las proximidades entre genotipos y ambientes indican una interacción positiva; en caso contrario, genotipos y ambientes distantes son sinónimos de interacción negativa, y genotipos próximos al origen de coordenadas indican estabilidad (Varela y Castillo, 2005).

Los modelos AMMI y Regresión de Sitios han sido extensamente aplicados, principalmente en cereales y oleaginosas (Crossa, 2002; Holland y col., 2002; Brancourt y Lecomte, 2003; Ma y col., 2004; Casanoves y col., 2005; Kang y col., 2005; Fan y col., 2007; Nayak y col., 2008; Otoo y Asiedu, 2008; Varela y col., 2009), plantas forrajeras (Annicchiarico, 2002; Ebdon y Gauch, 2002;), algodón (Naveed y col., 2007) y caña de azúcar (Blanche y Myers, 2006; Queme y col., 2006 y 2010; Chavanne y col., 2007; Glaz y Kang, 2008; Hamdi, 2009). En Cuba, es de destacar que Varela (2002, 2006, 2008, 2009) fue el precursor, al utilizar y ampliar la metodología para el uso de estos métodos relacionados con el modelo AMMI.

2.3.4.2. Modelo de Regresión de Sitios

El modelo de Regresión de sitios (SREG) o de Efecto Principal del Genotipo y Efecto de la Interacción Genotipo-Ambiente (GGE), desarrollado por Yan y col. (2000), es similar al modelo AMMI; solo, que los efectos principales de los genotipos, que en el modelo AMMI se estiman como efectos aditivos, en este modelo se envían al residual junto con la interacción genotipo-ambiente, para modelarlos de forma multivariada mediante el ACP. Igualmente, se obtiene el biplot del modelo SREG, al unir en un plano bidimensional los marcadores de genotipos y ambientes.

Glaz y Kang (2008), en un estudio en caña de azúcar con 17 genotipos y nueve localidades en el sur de La Florida, utilizaron el modelo SREG para determinar la contribución de las localidades de prueba del Programa de Mejora, en cuanto a su capacidad de discriminación de genotipos y de obtención de información acerca de su semejanza o diferencia en la manifestación de los mismos.

En la actualidad, los modelos AMMI y SREG están entre las principales herramientas estadísticas utilizadas para el análisis de datos en experimentos multiambientales. El mérito relativo de un método con respecto al otro depende del propósito de la investigación (Gauch, 2006).

2.4. Fisiología de las plantas en estrés por déficit hídrico.

Cuando una planta está sometida a condiciones significativamente diferentes de las óptimas para la vida, se dice que está sometida a estrés. Existen evidencias que indican una alta sensibilidad de la fotosíntesis en las plantas C4, como la caña de azúcar, al estrés por déficit hídrico (Ghannoum, 2009). La respuesta del organismo puede ser una deformación o cambio físico (rotura de membranas celulares, flujo citoplasmático, etc.) o una deformación química (cambios en la síntesis de metabolitos) (Valladares, 2004).

La pérdida de agua por transpiración es inevitable, pues la planta necesita abrir los estomas para facilitar la absorción de CO_2. Esta absorción es consecuencia de la pérdida de humedad por transpiración, lo cual indica el equilibrio de estos dos procesos, que son signos del estado hídrico de la planta. Cuando este equilibrio se pierde, las células y tejidos se deshidratan y como consecuencia incrementan su temperatura (Henckel, 1964). A partir de este momento se inicia una serie de ajustes: cierre estomático, reducción del contenido de agua en las hojas y asimilación de CO_2, disminución del proceso fotosintético y transpiratorio, suspensión de la división celular y descenso del alargamiento, alteración de los procesos hormonales y, como consecuencia, la reducción del crecimiento (Ghannoum, 2009).

2.4.1. Mecanismos de resistencia al estrés por déficit hídrico

El conocimiento de los mecanismos de resistencia al estrés permiten comprender los procesos evolutivos implicados en la adaptación de las plantas a un ambiente adverso y predecir hasta cierto punto la respuesta vegetal al incremento de la adversidad (Valladares, 2004). La resistencia a la sequía agrícola es conferida a las plantas por alguno o por la combinación de cuatro mecanismos: escape, evasión, tolerancia y recuperación (Figura 1). Cada uno estos mecanismo incluye varios caracteres, que pueden ser manejados por los mejoradores de plantas (Arrandeau, 1989).

Las especies evitadoras de la sequía serían especies homeohídricas (comportamiento hídrico estable) o bien "reguladoras", ya que con la regulación de la transpiración evitarían tensiones excesivas en el xilema; mientras que las especies tolerantes serían "conformistas" (Valladares, 2004). Otro tipo de estrategia es la estrategia elusiva o de escape de la sequía, que es aquella en la cual las plantas completan su ciclo vital antes de la llegada del estrés hídrico.

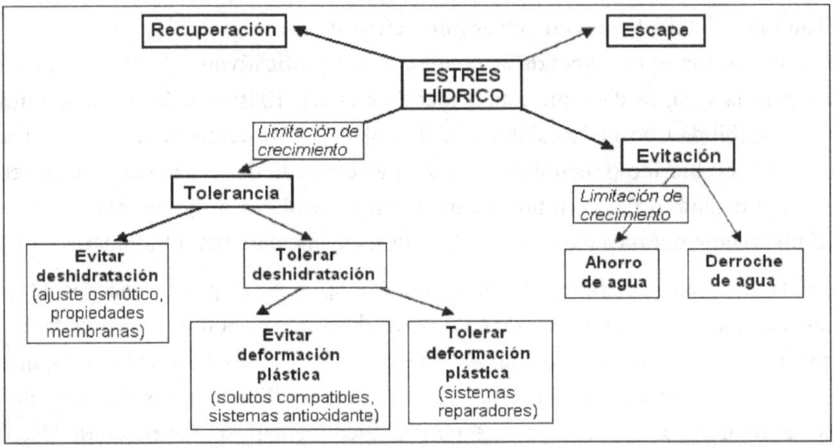

Figura 1. Mecanismos fisiológicos de resistencia al estrés por déficit hídrico (según Valladares, 2004)

Según Levitt (1980), las especies con estrategia tolerante son las plantas que soportan la afectación del estrés en sus tejidos. Estas especies tienen mecanismos que minimizan o eliminan la deformación que pueden sufrir como consecuencia del estrés, pues logran alcanzar un equilibrio termodinámico con el estrés sin sufrir daños. Un aspecto importante de esta estrategia son los mecanismos reparadores de ese estrés, que la planta pone en funcionamiento cuando este ha dejado de actuar.

2.4.2. Indicadores morfofisiológicos de la tolerancia al estrés por déficit hídrico

Se han desarrollado varias pruebas para evaluar los cultivares que pueden ofrecer buenos rendimientos bajo condiciones adversas. Entre estas se destaca, por su rapidez y bajo costo, la tolerancia al calor. (Chen y col., 1982). Gómez y col. (1981b) a partir de que en el campo se ignora hasta qué punto las plantas se ven afectadas por las altas temperaturas, estudiaron dos variedades de caña de azúcar resistentes a la sequía agrícola (My5465 y My5715) y una susceptible (C87-51), a la cual le realizaron una prueba de tolerancia al calor. Estos autores pudieron comprobar que la variedad susceptible se afectó en mayor grado por los aumentos de temperatura.

En otros trabajos, Gómez y col. (1986) evaluaron 19 cultivares en tres localidades de la provincia La Habana, lo que permitió estratificarlos en tres grupos (resistentes, moderadamente resistentes y susceptibles) de acuerdo con su tolerancia al calor, con una alta correlación con su resistencia a la sequía agrícola en el campo. Por su parte, Mojena y col. (1990) utilizaron este método para evaluar la resistencia al estrés por déficit hídrico en nueve cultivares de caña de azúcar, de estos se reportaron como resistentes al calor los genotipos C290-73 y C439-72 y como susceptibles B63118, C1051-73, C1616-75 y C87-51, resultados que más tarde se correspondieron con el comportamiento de esas variedades en la práctica comercial, lo que avaló la fiabilidad de ese método en la detección de la tolerancia de los cultivares al estrés por déficit hídrico.

Otro de los ensayos desarrollados con los propósitos anteriores, es la determinación de la pérdida de agua en hojas separadas, ya que el contenido relativo de agua (CRA) bajo un estrés dado constituye una medida de la tolerancia de las plantas a la sequía agrícola. Este método desarrollado por Slávik (1974), se basa en las pérdidas ocurridas por transpiración en ciclos largos, bajo condiciones de sequía artificial y en la capacidad hidrorredentora de las plantas de contrarrestar los efectos de la deshidratación, a la vez que permite determinar los límites de la variabilidad adaptativa y con ello establecer el grado de resistencia de las plantas a la sequía agrícola (Kozhusko, 1982).

Estudios de Gómez y col. (1990), efectuados para valorar la eficiencia del CRA en caña de azúcar a diferentes tiempos de desecación, concluyeron que los mejores ajustes para cada variedad se obtienen con el modelo logarítmico. A partir de las pendientes y los términos independientes del modelo, se pueden agrupar las variedades en dependencia de su grado de resistencia a la sequía agrícola, por lo que el método puede constituir un criterio útil para la evaluación de la resistencia de las variedades. Igualmente, García (2004), en un estudio de 16 variedades en la provincia de Cienfuegos, utilizó con éxito este indicador en la predicción de la tolerancia a la sequía agrícola, además le añadió a este indicador el déficit de saturación hídrica, ancho del limbo e índice de área foliar, como otros criterios de la tolerancia.

Las posibilidades de la resistencia eléctrica como método de diagnóstico de tolerancia al estrés a condiciones adversas por déficit de humedad en el suelo, fueron investigadas por Ferrer y col. (1987). Estos investigadores determinaron que la resistencia del tejido a la corriente eléctrica varió en correspondencia con la resistencia de las variedades a la sequía agrícola, ya que el testigo resistente Ja60-5 presentó el porcentaje de variación más bajo y C87-51 patrón susceptible que resultó mucho más alto.

Por otra parte, el enrollamiento foliar (ERF) como indicador del estado hídrico de las plantas, ha sido objeto de estudio en arroz (*Oryza* sativa, L.) y trigo (*Triticum* aestivum. L.). Con este mecanismo se han obtenido resultados satisfactorios, pues el mismo reduce el área foliar efectiva y la transpiración; de esta manera se convierte en un recurso potencialmente útil en la disminución de la sequía agrícola en zonas áridas (Clarke, 1996).

Barquié y col. (1997) utilizaron este indicador para clasificar la respuesta de nueve genotipos de caña de azúcar plantados en suelos afectados por la salinidad y la sequía. Los resultados de este estudio expresan una fuerte y positiva correlación entre el enrollamiento foliar y el tiempo de exposición de las hojas e indirecta de estos con el CRA ya que las variedades de mejor crecimiento y desarrollo presentaron mayores valores de CRA y de recuperación hídrica, así como menores valores de ERF y de área foliar.

Otros indicadores morfológicos y fisiológicos, ampliamente utilizados en la determinación de la resistencia a la sequía agrícola, son: densidad estomática (Diez y col., 1987), contenidos de clorofila a y b y carotenoides (Gómez y col., 1981a), actividad de la nitrato reductasa (Viqueira y col., 1981), contenido de prolina libre (Mojena y col., 1990; García y Medina, 2003, Errabii y col, 2006), pigmentos totales y proteínas (Torres y col., 1994; Trujillo y col., 2009).

Además de los métodos anteriores, se han empleado otros, tales como: salida de electrolitos de una muestra foliar una vez sumergida en agua destilada (Hernández y

Amaya, 2002), número y longitud de las raíces (García y González, 1997), índices de fosfatos y de esclerofilia, grado de suculencia, así como número de hojas activas (Torres y col., 2001). Estos métodos presentan mayor o menor grado discriminatorio, en dependencia de su uso y de los objetivos que se persigan en cada caso.

A pesar de los resultados anteriores, el Programa de Mejora cubano para la obtención de nuevas variedades, aún no se dispone de una metodología donde estén integrados los métodos anteriores lo que sugiere su estudio por lo ventajoso que resultaría disponer de tal herramienta.

2.4.3. Sistema radical de la caña de azúcar y su relación con el estrés por déficit hídrico

Las raíces son importantes por su papel en la nutrición vegetal. Uno de los factores de mayor relevancia relacionado con el complejo planta-agua-suelo es la arquitectura y distribución del sistema radical, así como su dinámica de crecimiento (Vasconcelos, 2002; Clark y col., 2003).

Cuando se planta una estaca de caña, se desarrollan dos clases de raíces; primero, las raíces del esqueje y luego, las raíces de los vástagos. Las raíces del trozo, originadas en el anillo radical de la estaca, son delgadas y muy ramificadas; mientras que las raíces de los vástagos son gruesas, carnosas, blancas y menos ramificadas. Estas raíces van saliendo de los anillos radicales superiores y se van haciendo gradualmente más delgadas (Miller y Gilbert, 2010).

El estudio de la masa radical es poco frecuente, debido a múltiples causas; entre estas se encuentran el uso inapropiado de tecnologías de muestreo, variabilidad en las condiciones físicas, químicas y biológicas del suelo, con influencia en la distribución de las raíces, y finalmente no valoración de la importancia de su estudio (Vasconcelos y col., 2003).

Las características genéticas de los cultivares de caña de azúcar determinan diferencias en cuanto al desarrollo y distribución del sistema radical. Existen cultivares con mayor concentración de raíces en la superficie, mientras otros presentan una distribución más uniforme. Algunos cultivares presentan mayor proporción de raíces finas y delicadas; sin embargo, en otros predominan raíces gruesas y resistentes (Landell y col., 2005).

Un sistema radical profundo debe ser una característica deseable para los cultivares de caña de azúcar plantados en regiones que sufren estrés por déficit hídrico, debido a que aseguraría su habilidad para tolerar estas condiciones (Smith y col., 2005). En ese sentido, Matta (2004) plantea que las plantas tolerantes a la sequía agrícola se caracterizan por un sistema radical vigoroso y profundo.

Pinheiro (2004) observó que la mayor penetración del sistema radical pudiera estar asociada con un mayor abastecimiento hídrico en condiciones limitantes de agua en el suelo. En este sentido, González y col. (2005) señalaron que el grado de penetración de las raíces en variedades de trigo pudiera ser un criterio efectivo para la evaluación y selección de variedades con tolerancia a la sequía agrícola. Medrano y col. (1998) enfatizaron que existe una fuerte correlación positiva entre la profundidad que exploran las raíces, el crecimiento y el rendimiento en diversas especies vegetales, a la vez que recomiendan utilizar estos indicadores para la selección en los programas de mejora destinados a condiciones de estrés por déficit hídrico.

Otros trabajos, encaminados al estudio del sistema radical de la caña de azúcar, se han focalizado en su relación con las propiedades físicas de los suelos (Roldós, 1986), las tecnologías de cosecha (Álvarez y col., 2000; Vasconcelos y col., 2003; Chopart y col., 2010), las tecnologías de preparación de suelos (Carvalho y col., 2011) y las diferencias cuantitativas y cualitativas entre genotipos (Landell y col., 2005 y Sakaigaichi y col., 2007). Sin embargo, el conocimiento actual de la arquitectura y distribución del sistema radical en genotipos de caña de azúcar es muy limitado y su estudio poco frecuente (Chopart y col., 2008; Sakaigaichi y col, 2007; Vasconcelos y col., 2003), conociéndose aún de que puede estar directamente relacionado con la respuesta de los cultivares al estrés por déficit hídrico.

Leyva y col. (2000) encontraron una relación inversa entre la profundidad y el número de raíces. Por su parte, Vasconcelos y col. (2003) informan que el 72% del total de raíces fue encontrado en los primeros 40 cm de profundidad.

Landell y col. (2005) hallaron diferencias en seis genotipos de caña de azúcar, en cuanto a la cantidad total de raíces presentes en el suelo y el diámetro relativo de las mismas. Estos autores señalaron que la rusticidad del cultivar IACSP93-3046 puede ser debido a la mayor densidad de raíces que este presenta con respecto al resto de los genotipos evaluados en el mismo ensayo, así como al diámetro de sus raíces. Los propios autores acotaron que los cultivares con una distribución más uniforme en profundidad pueden estar relacionados con un mejor aprovechamiento del agua en las capas más profundas del suelo, lo que explica las altas producciones de esos cultivares.

En este sentido, Sakaigaichi y col. (2007) realizaron estudios en macetas con dos clones comerciales de caña de azúcar y encontraron diferencias en cuanto a la densidad y distribución de las raíces, así como en profundidad, resultados que le permitieron sugerir que la longitud y profundidad del sistema radical se incluyeran dentro de los criterios de selección de los objetivos de los programas de mejoramiento genético para la tolerancia al estrés por déficit hídrico.

2.4.3.1 Métodos de estudio del sistema radical

Las condiciones de heterogeneidad del suelo hacen que no exista un método perfecto para estimar la masa radical de los cultivares de caña de azúcar. Es por eso que el método depende de las condiciones específica del estudio (Vasconcelos y col., 2003). Una revisión sobre los métodos disponibles para el estudio del sistema radical fue realizada por Böhm (1979), quien describe detalladamente los métodos de monolito, toma de muestra con cilindro, perfil del suelo y tubo o paredes de vidrio; además de los métodos indirectos.

Chopart y col. (2008) desarrollaron un método para estimar la densidad de la longitud de las raíces en caña de azúcar, a través del conteo de las raíces en el perfil del suelo. El método consiste en contar el número de intersecciones de las raíces visibles en el perfil del suelo. A partir de esta información y con el auxilio de un programa informático (RACINE2, Chopart y col., 2009) se calcula la densidad de la longitud de las raíces y de la masa radical y se elabora un mapa de la distribución del sistema radical en el perfil del suelo.

3. MATERIALES Y MÉTODOS

3.1. Evaluación de una nueva red de sitios de prueba

3.1.1. Localidades experimentales

Los estudios se desarrollaron en el período comprendido entre septiembre de 2006 y marzo de 2009. Se utilizaron seis localidades correspondientes a igual número de Empresas Azucareras de las provincias Granma, Santiago de Cuba y Guantánamo, como posibles candidatas de una nueva red de sitios de prueba de mayor representatividad. Estas localidades presentan diferentes grados de estrés por déficit hídrico.

Se consideró que el estrés es la consecuencia de la acción combinada de factores que involucran al suelo y a las condiciones climáticas, con una repercusión en el rendimiento del cultivo. Con la finalidad de referenciar éstas afectaciones en el rendimiento se utilizó la localidad Dos Ríos como testigo de condiciones de producción sin la presencia del estrés (Cuadro 1)

Cuadro 1. Localidades utilizadas en el estudio

No.	Provincia	Empresa-Localidad	Tipo de Suelo[1]
1	Granma	Enidio Díaz	Húmico sialítico rendzina
2	Guantánamo	Manuel Tames	Pardo sialítico
3	Santiago de Cuba	Paquito Rosales	Pardo sialítico
4	Santiago de Cuba	Julio Antonio Mella	Ferralítico amarillento
5	Santiago de Cuba	América Libre**	Pardo sialítico
6	Santiago de Cuba	Dos Ríos	Pardo sialítico

[1.] Según la clasificación genética de los suelos de Cuba (Hernández y col., 1999)

** Sitio actual en la región para el desarrollo de estudios de nuevos cultivares

3.1.2. Caracterización de los sitios candidatos a la nueva red

Se recopiló la información de clima, suelo y de rendimiento de los seis sitios candidatos a la nueva red. Como información meteorológica se utilizó el registro de precipitaciones de la red pluviométrica del Instituto de Recursos Hidráulicos y los informes de evaporación de las estaciones meteorológicas del Instituto de Meteorología ubicadas en el área de estudio. Con ambas variables se estimó el índice de aridez a partir de la relación insumo/pérdida de agua, donde insumo es la lámina de precipitación acumulada en el año y pérdida es la evapotranspiración (coeficiente bioclimático del cultivo (Kc) igual a 0,75 según FAO, 2008) de referencia del cultivo (Centella y col., 2006). Se determinó la duración del período de crecimiento como el total de días donde el balance entre las precipitaciones y la evapotranspiración fue positivo (FAO, 1993).

De los perfiles de suelo del mapa 1:25000 de los suelos de Cuba (MINAGRI, 1979), asociados a cada sitio experimental, se extrajeron los valores de las propiedades hidrofísicas y químicas. El listado de las variables edafoclimáticas utilizadas en la caracterización de los sitios se presenta en el Anexo 2. La base de datos se completó con los valores medios de la producción agrícola (t caña.ha^{-1}) de todas las cepas, así como con el rendimiento industrial de las zafras del período estudiado (1996-2005), para un total de 152 variables.

Ante la presencia de un número elevado de variables, se hizo imprescindible su reducción con la menor pérdida de información, para esto se utilizó el análisis de componentes principales de manera iterativa por grupo de variables hasta llegar a una representación final en un plano de coordenadas de los ambientes objeto de estudio, siguiendo la misma metodología que la utilizada por Milanés y col. (1986), Jorge y col. (1989b) y Hamdi (2009).

3.1.3. Evaluación de la red a partir de los ensayos multiambientales

Se complementó la evaluación de la red, con la plantación de ensayos en cada una de las localidades, previo a lo cual se realizaron muestreos de suelo con el objetivo de obtener una caracterización agroquímica e hidrofísica de los mismos conforme a las metodologías establecidas para estos fines (INICA, 1990). EL diseño de campo utilizado fue el de Bloques al azar con tres repeticiones y parcelas de 48 m^2, según las normas metodológicas del Programa de Mejora Genética de la caña de azúcar en Cuba (Jorge y col., 2011).

Se utilizó como ciclo de plantación y cosecha, el que en condiciones de comerciales se conoce como "Frío" (plantación en septiembre) y se practicaron dos cosechas (caña planta en febrero con 17 meses de edad y retoño en marzo con 13 meses). Todos los estudios quedaron establecidos en septiembre de 2006. También se tuvieron en cuenta las mismas variables climáticas utilizadas en la caracterización de los sitios (Anexo 2). En este caso las variables utilizadas para expresar el rendimiento de la caña de azúcar fueron: t caña ha^{-1}, porcentaje de pol en caña y t pol ha^{-1}, para un total de 153 variables.

El procedimiento estadístico utilizado fue similar al anterior, pero la representación de los ambientes en el plano de coordenadas de las componentes 1 y 2 se utilizó para la conformación de grupos, cuya identidad fue corroborada posteriormente mediante un

Análisis Discriminante, con un nivel de tolerancia de 0,01 a través del método Forward. La integración de los resultados de ambos análisis contribuyó finalmente a la toma de decisión para la propuesta definitiva de la nueva red de sitios experimentales. El paquete estadístico empleado en el procesamiento de los datos fue: STATISTICA v.8 (StatSoft, 2007).

3.2. Adaptabilidad y estabilidad fenotípica de los cultivares en función de la respuesta al estrés.

3.2.1. Evaluación de la interacción genotipo-ambiente

Previo a la determinación de la adaptabilidad y estabilidad de los cultivares se evaluó como se comportaba dentro de la red, el fenómeno de la interacción genotipo-ambiente. Para complementar ese objetivo se utilizaron los estudios multiambientales establecidos en la red objeto de estudio, cada uno con 15 cultivares (Cuadro 2), todos resultantes del Programa de Mejora cubano, excepto CP52-43 y B7274. Este último cultivar fue utilizado como testigo tolerante al estrés por déficit hídrico de acuerdo con los informes de Bernal y col. (1997).

Cuadro 2. Relación de los cultivares de caña de azúcar estudiados

No	Cultivares	Progenitores	No	Cultivares	Progenitores
1	C86-12	Desconocidos	9	C90-501	C266-70 x Ja60-5
2	C86-156	C16-56 x C87-51	10	C90-530	My5514 x Co421
3	C86-531	B42231 x My5514	11	C90-647	C389-52 x Mex60-1459
4	C87-632	Pomex72 x B45181	12	C91-356	C389-52 x CP1165
5	C88-380	B7542 x B63118	13	C128-83	CP52-43 x Ja60-5
6	C89-250	Eros x Ja64-11	14	CP52-43	CP43-64 x CP38-34
7	C89-559	Pomex72 x POJ2878	15	B7274*	HJ57-41 x ?
8	C90-317	C187-68 x B6368	* Testigo tolerante		

3.2.2. Modelos empleados

Los datos originales de las variables de cosecha, fueron evaluados respecto a su normalidad y homogeneidad de varianza, mediante pruebas de Chí cuadrado y Bartlett-Box F y cumplieron las exigencias en cuanto a esos parámetros, por lo que en ningún caso se hizo necesaria su transformación. Se realizaron análisis de varianza de clasificación doble para conocer la varianza y la contribución de cada uno de los factores (genotipos y localidades) y sus interacciones a la varianza fenotípica total, con un modelo de efectos aleatorios (Cochran y Cox, 1965).

$$Y_{ijk} = \mu + G_i + \beta_j + (G\beta)_{ij} + e_{ijk}$$

Donde: Y_{ijk}. Es la observación k en la localidad j del genotipo i

μ. Media general

G_i. Efecto del i-ésimo genotipo

β_j. Efecto de la j-ésima localidad

$(G\beta)_{ij}$. Efecto del i-ésimo genotipo en la j-ésima localidad

e_{ijk}. Error asociado a la k-ésima observación en la j-ésima localidad sobre el i-ésimo genotipo

Para una mejor compresión del efecto ambiental, al modelo anterior se le adicionó el efecto de las cepas, también considerado como aleatorio.

$$Y_{ijkl} = \mu + G_i + L_j + C_k + (GL)_{ij} + (GC)_{ik} + (LC)_{jk} + (GLC)_{ijk} + e_{ijkl}$$

Donde: Y_{ijk}. Es la observación l, en la cepa k, en la localidad j, del genotipo i

μ. Media general

G_i. Efecto del i-ésimo genotipo

L_j. Efecto de la j-ésima localidad

C_k Efecto de la k-ésima cepa

$(GL)_{ij}$. Efecto del i-ésimo genotipo en la j-ésima localidad

$(GC)_{ik}$. Efecto del i-ésimo genotipo en la k-ésima cepa

$(LC)_{ik}$. Efecto de la j-ésima localidad en la k-ésima cepa

$(GLC)_{ijk}$. Efecto del i-ésimo genotipo en la la j-ésima localidad de la k-ésima cepa

e_{ijkl}. Error asociado a la l-ésima observación de la j-ésima localidad del i-ésimo genotipo de la k-ésima cepa

A partir de los estimados de los componentes de varianza se obtuvieron los parámetros genético-estadísticos heredabilidad en sentido ancho (h^2_e) de acuerdo con Hogarth (1968) y Milligan y col. (1990) y su error estándar aproximado (Anderson y Bancroft, 1952; Becker, 1984) y coeficiente genético de variación (CGV), según Falconer (1970).

3.2.3. Respuesta de los genotipos al estrés

3.2.3.1 Pérdidas relativas del rendimiento

La primera aproximación de la respuesta de los genotipos al estrés por déficit hídrico, previo a la aplicación de los análisis de adaptabilidad y estabilidad fenotípica, fue las pérdidas relativas del rendimiento según García (2004), mediante la expresión:

$$PR = \left(\frac{RC}{RCLT} - 1 \right) * 100$$

Donde: PR - Pérdidas relativas de rendimiento

RC - Rendimiento del cultivar

RCLT - Rendimiento del cultivar en la localidad testigo

En este caso, valores negativos de PR significan porcentaje de pérdidas del rendimiento, mientras que valores positivos indican porcentaje de incremento del rendimiento.

3.2.3.2. Estimación de la adaptabilidad y estabilidad fenotípica

Para la estimación de la estabilidad y la adaptabilidad fenotípica, se utilizó el modelo multivariado de efectos principales de los genotipos, más efectos de la interacción genotipo-ambiente, también llamado modelo de Regresión de Sitios (SREG). En este modelo los efectos principales de los genotipos, se envían al residual junto con la interacción genotipo-ambiente para modelarlo de forma multivariada, mediante análisis de componentes principales (Yan y Tinker, 2006).

Se llamará modelo SREG de orden M a la expresión:

$$E(y_{ij}) = \mu + \beta_j + \varphi + e_{ij}$$

$$\varphi = y_{ij} - \mu - \beta_j = \sum_{m=1}^{M} \lambda_m u_{m_i} v_{m_j}$$

Dónde: Y_{ij} : observación correspondiente a la combinación de niveles ij; μ : media general, β_j: efecto del ambiente j; Φ: efecto del genotipo más la interacción del genotipo-ambiente; λ_m: corresponde al valor singular de orden m; u_{mi}: coordenada i-ésima del vector singular asociado a λ_m; v_{mj}: coordenada j-ésima del vector singular asociado a λ_m; e_{ij}: residuo.

A partir de la descomposición en valores y vectores singulares del efecto del genotipo más la interacción del genotipo-ambiente (Φ) se obtiene la representación bidimensional (biplots) del modelo de Regresión de Sitios. Estas representaciones se realizan al unir en un plano bidimensional los llamados "marcadores" de genotipos y ambientes. Estos "marcadores" se obtuvieron al multiplicar el valor singular λ a los resultados de los vectores de genotipos ($\boldsymbol{u}_g$) y ambientes ($\boldsymbol{v}_e$), utilizándose para esto la escala simétrica ($\lambda^{0.5}\boldsymbol{u}_g$ y $\lambda^{0.5}\boldsymbol{v}_e$). Estos gráficos de doble representación se realizaron por medio del programa informático biplot v1.1 (Smith, 2002).

3.3. Predicción de la tolerancia al estrés a través de indicadores morfofisiológicos

3.3.1. Indicadores del sistema radical

Por ser el estudio del sistema radical un proceso que requiere de tiempo y recursos humanos, se efectuó el mismo en la variante más viable de la red (tres localidades, Enidio Díaz y Julio Antonio Mella y Dos Ríos), con la salvedad que en este caso se empleó a Dos Ríos como localidad patrón sin estrés. Las evaluaciones se realizaron en la cepa de primer retoño a los 10 meses de edad, y se tomó una muestra de 10 cultivares de los 15 estudiados, agrupados de acuerdo a su respuesta al estrés según los resultados del objetivo anterior:

Tolerantes: C86-156, C88-380, C86-12

Tolerancia media: C86-531, C89-250, C90-317, C90-530 y B7274

Susceptibles: C90-501 y C90-647

Para realizar el estudio del sistema radical se excavó una calicata de 100 cm de ancho por 80 cm de profundidad a una distancia de 20 cm del centro de la cepa, en cada réplica de los ensayos multiambientales. Posteriormente se procedió a dividir el perfil del suelo en cuatro cuadrículas (100 x 20 cm) (Figura 2a), las que a su vez se dividieron en secciones de cinco cuadrículas cada una (20 x 20 cm) para facilitar las determinaciones de raíces (Figura 2b).

Con el uso de una espátula de madera se separó el suelo de las raíces a una profundidad de 2 cm perpendicular al perfil del suelo y se cuantificó el número de raíces activas independientemente de su longitud Se determinó la densidad de las raíces (número de raíces. dm^{-3} de suelo) clasificándolas en raíces finas (0,5 a 1 mm de diámetro), gruesas (>1 mm de diámetro) y la suma total de ambas (Vasconcelos y col., 2003; Chopart y col, 2008) en las cuatro profundidades (0-20, 20-40, 40-60 y 60-80 cm). Para facilitar los cálculos y comprensión del estudio las unidades de volumen fueron expresadas en decímetro cúbico (dm^3).

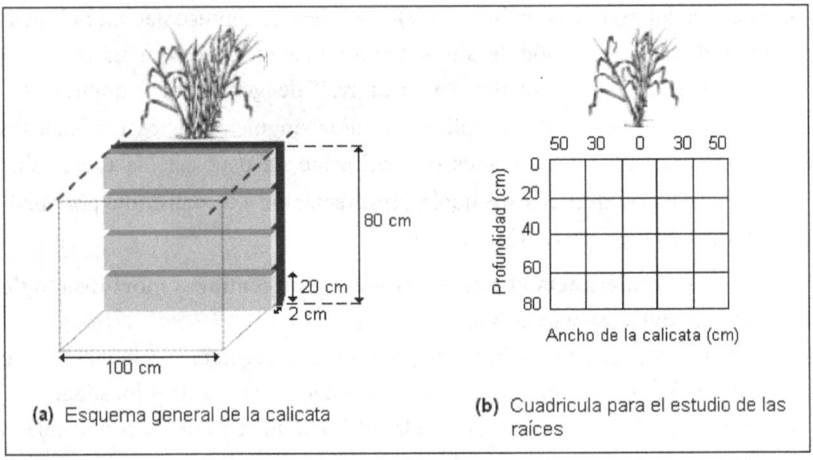

Figura 2. Procedimiento utilizado para el estudio del sistema radical

En el caso de la densidad de raíces (finas, gruesas y totales) se hizo necesaria su transformación ($X' = \sqrt{X + 0{,}5}$) para cumplir con los requisitos de normalidad y homogeneidad de varianza y después realizar análisis de varianza de clasificación doble para conocer la varianza y la contribución de cada uno de los factores y sus interacciones a la varianza fenotípica total, así como la heredabilidad y su posible uso como variables predictoras. El procedimiento utilizado fue similar al descrito en el epígrafe 3.2.2.

3.3.2. Otros indicadores

En la cepa de primer retoño a los 10 meses de edad, se tomó una muestra de 10 hojas (hoja +1 según la nomenclatura de Kuijper) para evaluar los indicadores fisiológicos: contenido relativo de agua (CRA) y déficit de saturación hídrica (DSH), de acuerdo con las metodologías de Slávik (1974) y Kozhushko (1982) respectivamente. También se evaluó en diez tallos el número de hojas activas (HA), ancho y largo del limbo (cm), con el fin de calcular área foliar (cm^2) e índice de área foliar ($m^2.m^{-2}$), conforme con Ortega y col. (1989). Igualmente se determinó el diámetro (cm), longitud (cm), volumen del tallo (cm^3) y población de tallos molibles, en cada una de las réplicas según Jorge y col. (2011).

El análisis estadístico partió de la matriz de correlaciones, para establecer las principales relaciones entre las variables. Se consideró una correlación moderada cuyo valor fuera igual o superior a 0,5 y menor a 0,7 y correlación alta cuyo valor fuera igual o superior a 0,7. A partir de los grupos de cultivares conformados por su tolerancia al estrés, se realizó un análisis discriminante que aportó la clasificación final de los genotipos, así como las variables que mejor caracterizaron cada uno de ellos, con las cuales se confeccionó un árbol de clasificación para el uso de estos indicadores en la predicción de la tolerancia de nuevos cultivares al estrés por déficit hídrico. El paquete estadístico empleado en el procesamiento de los datos fue: STATISTICA versión 8 (StatSoft, 2007).

4. RESULTADOS Y DISCUSIÓN

4.1. Evaluación de una nueva red de sitios de prueba

4.1.1. Caracterización de los sitios candidatos a la nueva red

El proceso iterativo del análisis de componentes principales requirió de cuatro pasos para finalmente identificar 17 variables relacionadas con las características del suelo, clima y de producción. Estas variables caracterizaron fehacientemente las localidades y a la vez guardaban relación con el rendimiento agrícola. En los tres primeros componentes se agrupó el 85,22% de la variación total de los datos.

En el Cuadro 3 se presentan los valores propios de los tres primeros componentes y las coordenadas de los vectores de las 17 variables que resultaron más importantes en la caracterización de los ambientes estudiados. Obsérvese que en el primer componente las variables de mayor peso fueron las características físicas y químicas del suelo. En un sentido del eje se encuentran la densidad aparente y el contenido de magnesio; opuestas a estas variables, están la capacidad de campo, velocidad de infiltración y profundidad efectiva; así como contenido de materia orgánica, principales cationes cambiables y pH del suelo.

En el segundo componente, las variables de mayor contribución fueron rendimiento agrícola, acumulado anual de precipitaciones, lluvias del período mayo-octubre, índice de aridez y duración del período de crecimiento. En este mismo componente, también resultaron importantes las variables climáticas de temperatura media anual, temperatura mínima anual y humedad relativa media anual; aunque estas tres últimas variables en sentido contrario a las primeras. Las variables que resultaron relevantes en el tercer componente también fueron importantes en el segundo, y con el mismo signo; por lo que no resulta necesaria una explicación, ya que no aporta información adicional.

Cuadro 3. Análisis de componentes principales para la caracterización de los sitios candidatos a la red. Valores y vectores propios

Valores propios	**Comp. 1**	**Comp. 2**	**Comp. 3**
Valor	7,15	4,83	2,51
%	42,06	28,41	14,75
Valor acumulado	7,15	11,98	14,49
% Acumulado	42,06	70,47	85,22
Coordenadas de los vectores propios			
Lluvia media anual	-0,08	**0,55**	**-0,81**
Lluvia mayo-octubre	-0,01	**0,53**	**-0,80**
Temperatura media anual	-0,23	**-0,86**	-0,28
Temperatura mínima anual	-0,27	**-0,90**	-0,31
Humedad Relativa media anual	-0,28	**-0,90**	-0,31
Índice de aridez	-0,05	**0,61**	**-0,77**
Duración del período de crecimiento	-0,66	**0,68**	0,14
Velocidad de infiltración	**-0,96**	0,04	-0,09
Capacidad de campo	**-0,96**	0,04	-0,09
Densidad aparente	**0,95**	0,25	0,14
Profundidad efectiva	**-0,64**	0,53	0,29
Materia orgánica	**-0,89**	-0,41	-0,10
pH(agua)	**-0,90**	-0,19	0,09
Contenido de Magnesio	**0,91**	0,11	-0,09
Cationes cambiables	**-0,73**	0,40	0,05
t caña.ha^{-1}	-0,45	**0,57**	0,33
Rendimiento industrial	-0,41	0,18	0,25

Resaltadas las variables de mayor contribución en cada componente; Comp.- Componente

Al representar la serie de datos de cada localidad en los dos primeros componentes (Figura 3), se aprecia una marcada diferenciación de los ambientes objeto de estudio. Esta diferenciación se observa fundamentalmente entre los ambientes de mayor contraste en sus características edáficas y climáticas; es decir, Julio A. Mella, Enidio Díaz, Paquito Rosales, Manuel Tames y la localidad testigo (Dos Ríos). La localidad América Libre se encontró más asociada a la localidad testigo. Esta disimilitud de los ambientes significa que los efectos del estrés por déficit hídrico se manifiestan de forma variada en las localidades.

El caso de Julio Antonio Mella se caracteriza por presentar los más altos valores de densidad aparente y contenido de magnesio, así como los más bajos niveles de materia orgánica, cationes cambiables, velocidad de infiltración, capacidad de campo y pH. Esta localidad posee un suelo Ferralítico amarillento típico, poco profundo y de baja fertilidad. Asimismo, es la segunda localidad de más bajo régimen pluviométrico y menor duración del período de crecimiento (Cuadro 4). Las características físicas y químicas de los suelos de Julio A. Mella, al combinarse con los factores climáticos, producen estrés por déficit hídrico con afectaciones al rendimiento agrícola de 15,2 t caña ha^{-1} con respecto a la localidad testigo.

Cuéllar y col. (2002) señalan que los principales factores limitantes del grupo de suelos Ferralíticos amarillentos son: hidromorfía, poca profundidad efectiva, baja fertilidad; en general, bajo contenido de materia orgánica y calcio, así como severo déficit de humedad en época de seca.

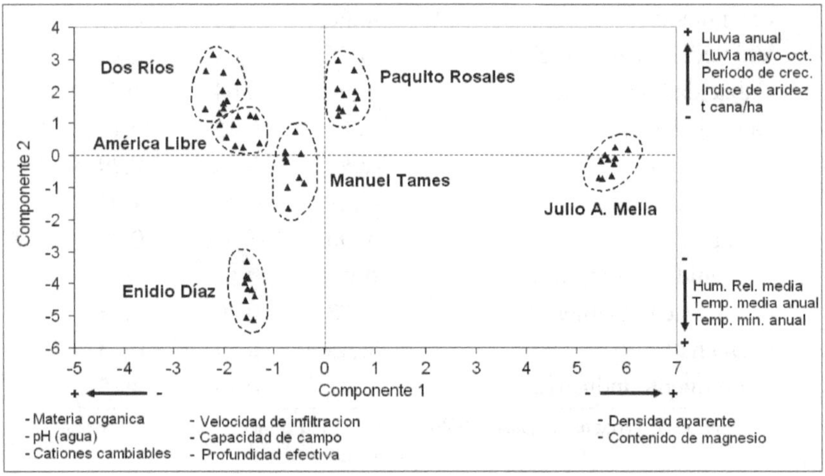

Figura 3. Representación de los ambientes en el plano de los dos primeros componentes principales

En la Figura 3 el componente uno también diferenció la localidad Enidio Díaz, con un elevado nivel de materia orgánica y cationes cambiables, así como menor densidad aparente y mayor velocidad de infiltración. Esta última variable, combinada con la escasa profundidad efectiva del suelo y un desfavorable índice de aridez, contribuye a la manifestación del estrés por déficit hídrico, con afectaciones en el rendimiento agrícola de 15 t caña ha^{-1} con respecto a la localidad testigo, como se evidencia en el Cuadro 4.

La localidad Paquito Rosales posee mayor régimen pluviométrico que el resto de los ambientes. Sin embargo, tiene bajo valor de profundidad efectiva, lo que, unido a otros factores limitantes del suelo, como la pendiente, reducen el contenido y duración de humedad aprovechable y por tanto contribuyen a la manifestación del estrés en el cultivo de la caña de azúcar. En este caso la afectación en el rendimiento agrícola fue de 5,2 t caña ha^{-1}.

La localidad Manuel Tames también se diferenció del resto de los ambientes. La misma se caracterizó por presentar el valor de índice de aridez más desfavorable entre las demás localidades. Esto significa que presenta una alta tasa de evaporación y menor aprovechamiento de la humedad de suelo, a pesar de poseer un aceptable régimen pluviométrico. Otro factor limitante del suelo desfavorable, que presenta esta localidad, es la profundidad efectiva. No obstante, las afectaciones del estrés por déficit hídrico son menores que en el resto de las localidades con 1,4 t caña ha^{-1} (Cuadro 4).

Por otra parte, también se pudo apreciar en la Figura 3 que las localidades América Libre y Dos Ríos están muy asociadas. La localidad América Libre, donde único se desarrollan los estudios de nuevos cultivares de la etapa final del Programa de Mejora de Oriente Sur, posee un suelo Pardo sialítico, que representa solamente el 32% del territorio. Las afectaciones del estrés con respecto a la localidad testigo fueron de 2,1 t caña ha^{-1}. La localidad testigo se caracterizó por presentar las mayores precipitaciones anuales del período mayo-octubre y un índice de aridez más favorable.

Pineda (2002), en un estudio sobre los efectos de los factores limitantes del suelo en el rendimiento cañero, señaló que el conocimiento de la profundidad efectiva no es solamente importante para evaluar la fertilidad del suelo, sino también para interpretar el papel individual de numerosos factores de la fertilidad. En su investigación la autora, en la relación de esos factores, hace mención de la capacidad del suelo para almacenar agua, la estructura, la capacidad de absorción, el lavado de nutrientes, el contenido de nitrógeno y humus, entre otros. Asimismo, concluyó que la lluvia en el gran período de crecimiento (mayo-octubre), muy relacionada también con la profundidad efectiva, tiene un notable impacto sobre la producción y el efecto de los fertilizantes.

Cuadro 4. Caracterización de las localidades en estudio

Variable	Enidio Díaz	Manuel Tames	Paquito Rosales	Julio A. Mella	América Libre	Dos Ríos*
Lluvia media anual	911,9	1096,5	1187,8	952,0	971,0	1167,7
Lluvia mayo-octubre	671,3	817,6	896,3	738,1	713,0	877,7
Temp. media anual	26,2	25,6	25,5	25,5	25,5	25,5
Temp. mínima anual	21,8	19,9	19,6	19,6	19,6	19,6
Hum. Rel. media anual	79,6	76,3	74,6	74,6	74,6	74,6
Índice de aridez	0,62	0,53	0,81	0,68	0,75	0,85
DPC	204	214	219	200	227	237
Velocidad de infiltración	17,5	17,5	17,5	12,0	17,5	17,5
Densidad aparente	0,98	1,14	1,16	1,50	1,12	1,08
Capacidad de campo	38,1	38,1	38,1	20,3	38,1	38,1
Profundidad efectiva	28,0	35,0	32,0	25,0	45,0	55,0
Materia orgánica	3,49	2,93	2,06	1,16	2,75	2,81
pH(agua)	7,6	7,5	6,3	5,7	7,8	7,6
Contenido de magnesio	2,2	1,7	5,5	7,7	1,4	1,7
Cationes cambiables	42,5	31,1	53,5	24,3	51,0	61,6
t caña.ha^{-1}	33,8	47,4	43,6	33,6	46,7	48,8

Temp. – Temperatura; Hum.; Rel. – Humedad relativa; DPC – Duración del período de crecimiento; * Localidad testigo

Los resultados obtenidos en este estudio ponen de manifiesto que la intensidad del estrés por déficit hídrico no puede analizarse por la influencia aislada de cada variable edafoclimática, sino por su efecto integrado; como lo señalara García (2004), quien también caracterizó el efecto del estrés por déficit hídrico a través del uso de variables climáticas e hidrofísicas del suelo.

También son coincidentes los resultados de este estudio en cuanto a la importancia de las variables de suelo y clima en la caracterización de los ambientes, con los de Hamdi (2009), en Irán, cuyo éxito repercutió en la eficiencia de la selección de variedades de su país.

En Cuba, en un estudio de clasificación de ambientes en cinco localidades de las provincias Granma, Holguín y Las Tunas, Bernal (1986) destacó como variables importantes en la clasificación y caracterización de los ambientes el tipo de suelo y la distribución de las lluvias del período julio-septiembre. Por su parte, Castro (1991), con el uso de variables de suelo, clima y manejo para clasificar nueve localidades de la provincia Holguín, constató la importancia de las lluvias del período mayo-octubre y de las lluvias anuales sobre el rendimiento agrícola; así como el efecto negativo de las lluvias precosecha sobre el rendimiento industrial.

Con similar propósito, González (1995), en el macizo cañero de la provincia Las Tunas, también con la utilización de variables de suelo, clima y manejo, demostró que las mismas resultaron importantes para clasificar localidades. Este autor indicó que su acción no puede verse de forma aislada, porque en la localidad se produce la unión de factores del complejo clima-suelo-manejo de cosecha, que garantizan rendimientos productivos aceptables y económicos.

Otros autores, como Carbonell y col. (2001), señalaron que las precipitaciones y la evaporación son las variables meteorológicas de mayor variabilidad espacial y temporal que influyen en el rendimiento de la caña en el Valle del Cauca en Colombia. Estas variables permitieron a productores colombianos conocer el balance hídrico y definir los momentos en que se puede presentar estrés por déficit hídrico.

Soler y col. (2003) indicaron que en la producción cañera cubana las lluvias y la evapotranspiración deciden los rendimientos de la cepa siguiente, por el desplazamiento que provocan en la cosecha. Gálvez y Jackson (2010) señalaron que en trabajos multiambientales es preciso ampliar el papel del llamado “ambiente”, así como tener bien en cuenta el suelo y sus componentes físicos y químicos y el rol de las variables meteorológicas, particularmente la lluvia, en cantidad y distribución.

Al considerar los resultados expuestos anteriormente, se corrobora la poca representatividad de la localidad América Libre usada como sitio para la discriminación de los cultivares de buena respuesta al estrés por déficit hídrico, pues fue la que mayor similitud presentó con la localidad patrón sin estrés (Dos Ríos). Al mismo tiempo América Libre presentó contrastes significativos con localidades donde el estrés puede afectar de 5,2 a 15,2 t caña ha^{-1}. Para la zona estudiada estos son resultados exclusivos sin antecedentes, lo que resalta de manera significativa su importancia.

4.1.2. Evaluación de la red a partir de los ensayos multiambientales

Al realizar nuevamente el proceso iterativo del análisis de componentes principales, con las variables de suelo, clima y rendimiento evaluadas durante el desarrollo del estudio, 18 de las 153 variables empleadas fueron las que mejor caracterizaron los ambientes de estudio (Cuadro 5). Excepto la producción de azúcar por área expresada como t de pol ha^{-1} incluida para este análisis, todas coinciden con el análisis anterior. En su conjunto extrajeron, en los tres primeros componentes, el 82,85% de la variabilidad total de los datos.

Obsérvese que en el primer componente las variables más importantes resultaron ser las características físicas y químicas del suelo, tales como contenido de materia orgánica, pH, capacidad de campo, velocidad de infiltración; así como t caña ha^{-1} y t pol ha^{-1}, asociadas positivamente a las primeras. También resultaron importantes en este mismo componente, pero en sentido inverso, la densidad aparente del suelo y el contenido de magnesio.

En el segundo componente las variables más significativas fueron temperatura media, temperatura mínima y humedad relativa media de los meses que conformaron los ciclos de cosecha. Igualmente resultaron fundamentales las variables duración del período de crecimiento, profundidad efectiva del suelo, índice de aridez, principales cationes cambiables, lluvias del período mayo-octubre y acumuladas durante el ciclo; aunque este grupo en sentido contrario a las variables de temperatura y humedad relativa.

Cuadro 5. Análisis de componentes principales para la evaluación de la red a partir de los ensayos multiambientales. Valores y vectores propios.

Valores propios	**Comp. 1**	**Comp. 2**	**Comp. 3**
Valor	7,73	4,76	2,42
%	42,96	26,47	13,42
Valor acumulado	7,73	12,50	14,91
% Acumulado	42,96	71,30	82,85
Coordenadas de los vectores propios			
Lluvia media anual	0,19	**0,48**	**-0,70**
Lluvia mayo-octubre	0,27	**0,48**	**-0,64**
Temperatura media anual	-0,52	**-0,71**	-0,26
Temperatura mínima anual	-0,55	**-0,76**	-0,20
Humedad relativa media anual	-0,56	**-0,76**	-0,13
Índice de aridez	0,39	**0,74**	-0,19
Duración del período de crecimiento	-0,38	**0,87**	0,19
Velocidad de infiltración	-0,83	0,36	0,19
Capacidad de campo	**-0,83**	0,36	0,19
Densidad aparente	**0,96**	-0,09	-0,05
Profundidad efectiva	-0,49	**0,72**	0,08
Materia orgánica	**-0,97**	-0,12	0,09
pH(agua)	**-0,93**	0,08	0,20
Contenido de magnesio	**0,91**	-0,15	-0,22
Cationes cambiables	-0,54	**0,68**	-0,11
t caña ha^{-1}	**-0,66**	-0,08	**-0,62**
Porcentaje de pol en caña	0,25	-0,16	**0,69**
t pol ha^{-1}	**-0,68**	-0,14	-0,52

Resaltadas las variables de mayor contribución en cada componente; Comp.- Componente

Al igual que en el análisis anterior, las variables que resultaron relevantes en el tercer componente también fueron importantes en el segundo componente y con el mismo signo, excepto el porcentaje de pol en caña. En este caso, el contenido azucarero estuvo relacionado de forma negativa con el rendimiento agrícola y las lluvias. Estos resultados son similares a los obtenidos por Castro (1991) y González (1995).

La evaluación de los cultivares en las funciones de los componentes uno y dos condujo a la formación de seis nubes de puntos, que representaron a las seis localidades estudiadas, sin que se produjera ningún solapamiento entre las mismas. Dentro de cada sitio fue perceptible la diferenciación entre las cepas. Con estos resultados se confirma la diferenciación entre las localidades, y con ello las limitaciones de la red actual con un solo sitio de prueba y la necesaria ampliación de la misma con el objetivo de que pueda lograrse una mejor discriminación de los genotipos por su tolerancia al estrés por déficit hídrico (Figura 4).

Las localidades Julio A. Mella, Enidio Díaz, Paquito Rosales y Manuel Tames se mantuvieron como las más contrastantes respecto a la localidad testigo (Dos Ríos) y por consiguiente como las más apropiadas para la selección de cultivares tolerantes al estrés por déficit hídrico.

En correspondencia con los resultados del rendimiento agrícola en relación a la localidad patrón, se apreció que el efecto de la sequía agrícola podría ser evaluado con mayor certeza en: Julio Antonio Mella, Paquito Rosales y Manuel Tames. La localidad América Libre estuvo más asociada a la localidad testigo resultado que confirma el análisis previo realizado.

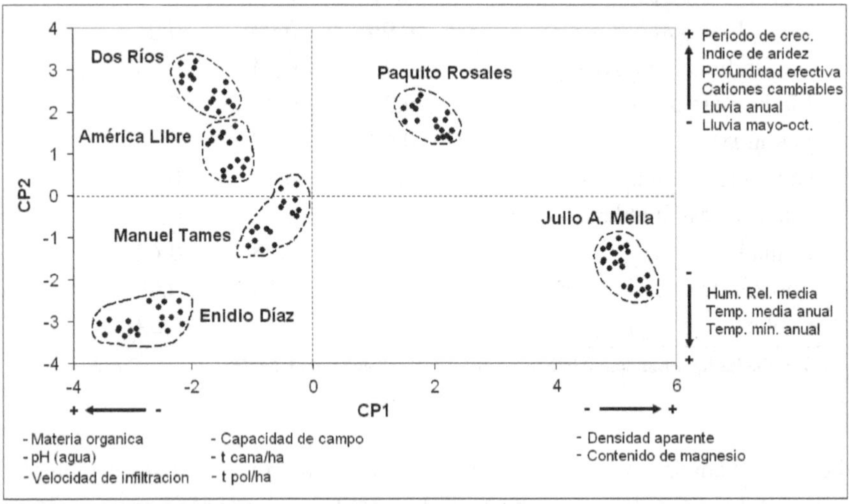

Figura 4. Representación de los ambientes en el plano de los dos primeros componentes principales

Lo discutido anteriormente, respecto a la diferenciación de los sitios candidatos a la nueva red, pudo confirmarse con el análisis discriminante (Figura 5), al resultar significativos ($p<0.05$) los estadígrafos Wilks´Lamda (0.05) y F (25.8), así como obtener el 93,3% de los casos bien clasificados (Cuadro 6).

Jorge y col. (1989b) señalaron la utilidad de esta técnica estadística en la clasificación de ambientes en el cultivo de la caña de azúcar, cuando la aplicaron a un grupo de estudios replicados en la región centro sur de Cuba. Los resultados en cuanto al porcentaje de buena clasificación del presente estudio resultan comparables con los informados por los autores antes mencionados.

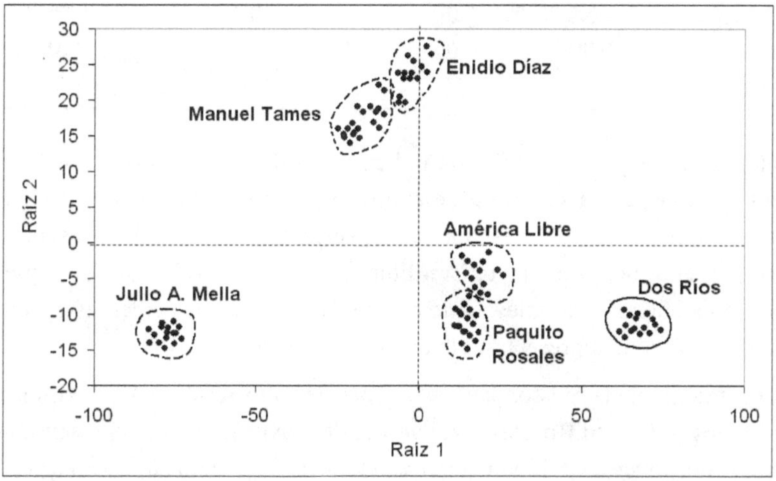

Figura 5. Representación de los grupos de ambientes del análisis discriminante

Castro y col. (1990), destacaron las ventajas de disponer de una red bien clasificada y caracterizada de los principales ambientes donde desarrollar la selección, la cual permite ajustar las estrategias de selección y por consiguiente, elevar su eficiencia.

De los resultados anteriores se infiere que la red actual del Programa de Mejora de la caña de azúcar en la región sur oriental, con un solo sitio de pruebas (América Libre), no resulta lo suficientemente representativa de los ambientes de destino donde serán explotados comercialmente los cultivares que finalmente se recomienden, como completamiento del proceso de selección.

Cuadro 6. Resultados del análisis discriminante

Clasificación Observada	Porcentaje Clasificados correctamente	Clasificados según modelo					
		Enidio Díaz	Manue l Tames	Julio A. Mella	Paquito Rosales	Améric a Libre	Dos Ríos
Enidio Díaz	83,3	25	5	0	0	0	0
Manuel Tames	93,3	2	28	0	0	0	0
Julio A. Mella	100	0	0	30	0	0	0
Paquito Rosales	86,6	0	0	0	26	4	0
América Libre	96,6	0	0	0	1	29	0
Dos Ríos	100	0	0	0	0	0	30
Total	93,3	27	33	30	27	33	30

De este modo, es necesario ampliar la red de sitios de prueba, donde América Libre en cualquier variante que se asuma, se mantendría como la localidad estándar de las condiciones comerciales, al presentar los niveles más bajos del estrés por déficit hídrico y por ello alcanzar mayor similitud con la localidad Dos Ríos que fue el patrón de condiciones normales. Además resulta viable mantener este sitio y no asumir uno nuevo, que representaría la incorporación de Dos Ríos.

El completamiento de la red con las localidades de Julio Antonio Mella, Enidio Díaz, Manuel Tames y Paquito Rosales resultaría la de mayor grado de representatividad y su adopción dependería de la situación económica, pues lógicamente representa un mayor uso de recursos materiales y humanos. La reducción mínima, donde no estaría comprometida la funcionabilidad de la red, se obtendría con el uso de tres localidades (Julio Antonio Mella, Enidio Díaz y América Libre), donde la localidad Enidio Díaz se utilizaría para dar respuesta también a los ambientes de producción de Manuel Tames, dado la similitud encontrada entre ambas y por igual razón las respuestas para Paquito Rosales se hallarían en América Libre.

4.2. Adaptabilidad y Estabilidad fenotípica de los cultivares en función de la respuesta al estrés

4.2.1. Evaluación de la Interacción Genotipo-ambiente

En cada una de las cosechas individuales (caña planta y primer retoño), de acuerdo con los resultados del análisis de varianza, se puso de manifiesto que la interacción genotipo-ambiente resultó más importante que el propio efecto de los genotipos, por lo que es de esperar respuestas puntuales de cada uno de ellos a través de cada sitio. Este resultado demuestra la importancia de disponer de una red representativa para así poder utilizar la adaptación específica de los cultivares en la respuesta al estrés por déficit hídrico (Cuadro 7).

En cepa de caña planta se obtuvo que la mayor contribución a la varianza fenotípica total correspondió a los efectos ambientales en más de 75 y 61% en t caña ha^{-1} y t pol ha^{-1} respectivamente, y 56,1% en porcentaje de pol en caña.

Para el porcentaje de pol en caña la contribución del ambiente fue inferior a la obtenida en el resto de las variables, al tiempo que los genotipos fue la mayor (14,4%) de los tres caracteres analizados. Estos resultados se corresponden con los informados en Cuba por Castro (1991); González (1995); Jorge (1996) y García (2004).

En la cepa de retoño, aunque se mantuvo el predominio del componente de varianza ambiental, éste disminuyó en todas las variables con respecto a la cosecha de caña planta, excepto para t pol ha^{-1}; resultado que coincide con lo informado en otros estudios por Abrantes (1986); González (1995); Ojeda (1995); Jorge (1996) y García (2004). Los autores anteriores atribuyeron dicho comportamiento a una mejor adaptación de la caña al medio, después de la primera cosecha, y a la mayor uniformidad de los tallos al momento de la cosecha, que incrementa la respuesta genética, principalmente para el porcentaje de pol en caña.

Los mayores estimados de heredabilidad se alcanzaron para el porcentaje de pol en caña en la cepa de retoño, lo que confirma la reducción del efecto ambiental sobre esta cepa. Esto puede ser debido a una mayor contribución del componente de varianza genética y a una disminución de la varianza ambiental. Estos resultados de la mayor heredabilidad del contenido azucarero con respecto a t caña ha^{-1} y t pol ha^{-1}; está en correspondencia con lo señalado por otros autores (Hogarth, 1968; Gálvez, 1983; Castro, 1991). En todos los casos los estimados de la interacción genotipo-ambiente fueron precisos.

Cuadro 7. Componentes de varianza y parámetros genéticos para las cosechas individuales

Fuentes de variación y estadígrafos	Caña planta σ^2	ES	PVT	Retoño σ^2	ES	PVT
			Porcentaje de pol en caña			
σ^2g	0,36 ±	0,18	14,4	0,39 ±	0,18 *	25,8
σ^2l	1,00 ±	0,57	40,3	0,16 ±	0,11	10,4
σ^2gxl	0,73 ±	0,14 *	29,5	0,47 ±	0,11 *	31,5
σ^2e	0,40 ±	0,03 *	15,8	0,49 ±	0,04 *	32,3
VA	1,40		56,1	0,64		42,7
Media	15,84			16,75		
h_e^2	0,71 ±	0,14 *		0,79 ±	0,23 *	
CVG (%)	5,33			5,27		
			t caña ha^{-1}			
σ^2g	17,81 ±	13,69	3,6	9,94 ±	10,44	2,7
σ^2l	334,31 ±	182,93	66,8	221,28 ±	122,20	60,3
σ^2gxl	103,81 ±	19,82 *	20,9	96,66 ±	18,36 *	26,3
σ^2e	44,33 ±	3,29 *	8,9	39,49 ±	2,93 *	10,7
VA	378,65		75,7	260,77		71,0
Media	81,71			64,79		
h_e^2	0,47 ±	0,05 *		0,35 ±	0,06 *	
CVG (%)	7,30			6,88		
			t pol ha^{-1}			
σ^2g	0,51 ±	0,42	5,0	0,35 ±	0,33	3,0
σ^2l	4,91 ±	2,76	48,0	6,91 ±	3,81	59,7
σ^2gxl	3,40 ±	0,65 *	33,3	3,09 ±	0,57 *	26,7
σ^2e	1,40 ±	0,10 *	13,7	1,23 ±	0,11 *	10,6
VA	6,31		61,7	8,14		70,3
Media	12,83			13,13		
h_e^2	0,44 ±	0,08 *		0,38 ±	0,06 *	
CVG (%)	7,88			7,70		

σ^2. Componente de varianza g. genotipos l. localidades gxl. Interacción genotipo x localidad e. error experimental VA. Varianza ambiental ES. Error estándar PVT. Porcentaje de la varianza total *. Estimado preciso ($\leq 2\ \sigma^2$) he^2. Heredabilidad CVG. Coeficiente Genético de Variación.

Los resultados antes expuestos justifican la búsqueda de cultivares de adaptación específica para cada uno de los ambientes. En este sentido, reviste gran importancia la replicación de los ensayos en más de una localidad y cosecha, para aprovechar eficientemente la interacción genotipo-ambiente, como también lo han señalado otros autores (Bernal, 1986; López, 1986; Vega, 1993; Vera y col., 1994; González, 1995, y García, 2004).

La adición de las cepas al modelo (Cuadro 8), no produjo cambios significativos en la importancia de las localidades dentro del componente ambiental, tanto para la producción de caña como para la de azúcar por área (t pol ha^{-1}), y su interacción con el resto de los componentes de varianza, solo mostró un peso significativo en el caso del contenido azucarero.

La interacción genotipo-ambiente, en su expresión como genotipo x localidad x cepa fue significativa y precisa e indicó una vez más que será más efectivo seleccionar los cultivares de respuesta específica. Igualmente, no varió el predominio del componente ambiental, 60% para el contenido azucarero, 80,1% para t caña.ha^{-1} y 71,6% para t pol.ha^{-1}. De los efectos ambientales correspondió a la localidad la principal fuente de variación; lo cual demuestra la influencia de ese factor complejo del ambiente, cuando se utilizan localidades muy contrastantes con diferentes condiciones de sequía agrícola.

De estas variables, correspondió al porcentaje de pol en caña, la mayor expresión genética (15,7%), así como el mayor estimado de heredabilidad (0,85), por lo que será más simple la selección para ese componente del rendimiento que para los restantes.

Por otra parte, resultó evidente la limitada variabilidad genética del rendimiento agrícola y de t pol ha^{-1}, con valores de varianza genética de 1,6 y 3,8% respectivamente. Esta limitante sugiere la utilización de nuevos progenitores y combinaciones en la concepción de un programa de mejoramiento específico para las condiciones de estrés por déficit hídrico, lo que se justifica por la necesidad de disponer de genotipos que aporten elevadas producciones agrícolas y que compensen un contenido azucarero aceptable. Si se tiene en cuenta que estos caracteres son los que mantienen la producción en estas condiciones de estrés, los programas de mejora que se emprendan deberán partir de la amplitud de la base genética.

Andérez y col. (1992) alertaron sobre los continuos pasos hacia el estrechamiento de la base genética del cultivo en Cuba, y señalaron que los principales cultivares comerciales descendían, al menos, de un progenitor básico. Este aspecto fue abordado posteriormente de manera profunda por De Prada (1997) en el estudio del germoplasma cubano.

Por su parte, Puchades y col. (2009) corroboraron la estrechez de la base genética de los cultivares explotados comercialmente en Cuba en el período entre 1965 y 2008; asimismo, determinaron que la base genética está compuesta por 116 ancestros; de estos, 58 estuvieron presentes en, al menos, un cultivar explotado durante estos años y son los que proveen más del 77% del total de la constitución genética de los principales genotipos comerciales. De este modo, en los últimos años los progresos en el Programa de Mejora cubano para la caña de azúcar han sido discretos, como consecuencia del incremento del nivel de agresividad de las plagas, el crecimiento de la cantidad de fondo de inoculo, así como por el cambio climático (Pérez y col, 2007).

Cuadro 8. Componentes de varianza y parámetros genéticos del modelo trifactorial

Fuente de variación y estadígrafo	σ^2		ES		PVT
	Porcentaje de pol en caña				
σ^2g	0,39	±	0,16	*	15,7
σ^2l	0	±	0,25		0
σ^2c	0,28	±	0,35		11,2
σ^2gxl	0,08	±	0,09		3,1
σ^2gxc	0	±	0,04		0
σ^2lxc	0,77	±	0,44		31,1
σ^2gxlxc	0,53	±	0,11	*	21,2
σ^2e	0,44	±	0,02	*	17,7
VA	1,49				60
Media	16,29				
h_e^2	0,85	±	0,13	*	
CVG (%)	5,42				
	t caña.ha^{-1}				
σ^2g	8,98	±	10,11		1,6
σ^2l	268,86	±	149,45		46,8
σ^2c	140,88	±	116,9		24,5
σ^2gxl	72	±	15,91	*	12,5
σ^2gxc	4,89	±	4,38		0,9
σ^2lxc	8,94	±	6,3		1,6
σ 2gxlxc	28,23	±	7,11	*	4,9
σ^2e	41,91	±	2,2	*	7,3
VA	460,59				80,1
Media	73,25				
h_e^2	0,33	±	0,04	*	
CVG (%)	5,79				
	t de pol.ha^{-1}				
σ^2g	0,49	±	0,33		3,8
σ^2l	5,58	±	3,17		43,6
σ^2c	1,83	±	1,56		14,3
σ^2gxl	1,75	±	0,47	*	13,7
σ^2gxc	0	±	0,1		0
σ^2lxc	0,34	±	0,25		2,6
σ^2gxlxc	1,4	±	0,31	*	10,9
σ^2e	1,42	±	0,07	*	11,1
VA	9,16				71,6
Media	11,85				
h_e^2	0,52	±	0,05	*	
CVG (%)	8,32				

σ^2. Componente de varianza g. genotipos l. localidades gxc. Interacción genotipos x cepas gxl. Interacción genotipo x localidad lxc. Interacción localidad x cepas gxlxc. Interacción genotipos x localidad x cepas e. error experimental VA. Varianza ambiental ES. Error estándar PVT. Porcentaje de la varianza total *. Estimado preciso ($\leq 2\ \sigma^2$) he^2 heredabilidad CVG. Coeficiente Genético de Variación

4.2.2. Respuesta de los genotipos al estrés

4.2.2.1. Pérdidas relativas del rendimiento

El análisis del comportamiento del estrés por déficit hídrico en la red estudiada a través de las pérdidas por el rendimiento agrícola con respecto a la localidad y variedad patrón, indicó que el estrés se presentó de manera más severa en Paquito Rosales, con un patrón similar en caña planta y retoño (Figura 6). Este sitio mostró el mayor número de cultivares cuyas pérdidas sobrepasaron 40% con respecto a su potencial.

El patrón tolerante B7274 solo se afectó, en esta localidad, en más del 30% de su potencial, lo que es un indicador de que, hacia ese sitio, donde tiene lugar la máxima expresión del estrés, debe priorizarse la búsqueda de genotipos tolerantes.

En orden de intensidad del estrés se ubicó después Julio Antonio Mella, con 11 genotipos con pérdidas de 30% o más del potencial. De estos cultivares solo dos (C90-501 y C90-647) con más de 40% en ambas cosechas y el testigo B7274 entre 30 y 45%. De igual forma esta localidad requiere de atención especial del Programa de Mejora Genética.

En estos sitios los genotipos de mejor respuesta fueron: C128-83 y C87-632 en Paquito Rosales y C89-250 y C90-317 en Julio A. Mella, en ambos casos con mejores resultados que el patrón; que al no coincidir confirman la importancia del uso de la adaptación específica. En este sentido, Ojeda y col. (2009) en un estudio de 20 cultivares en la provincia Ciego de Ávila, en condiciones de sequía agrícola, informaron de la tolerancia del cultivar C90-317.

Es de destacar que se comportaron mejor que el testigo y por consiguiente constituyen una solución para estos agroecosistemas: C89-559, C90-317, C86-531, C87-632 y C91-356 en Paquito Rosales y C90-530, C128-83, C86-156 y C86-12 en Julio A. Mella.

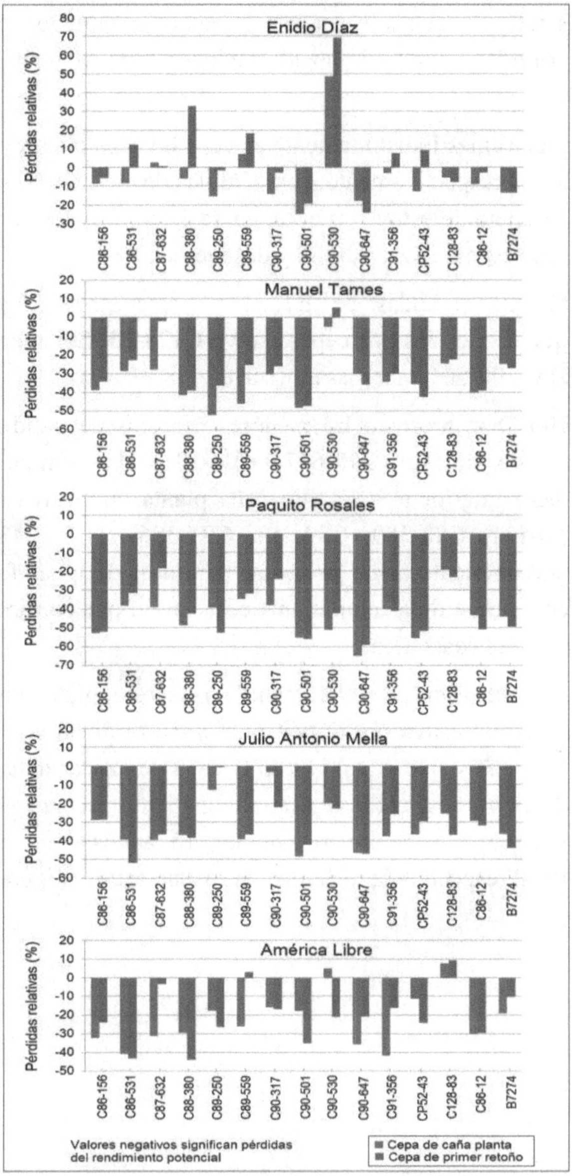

Figura 6. Pérdidas relativas de los cultivares para t caña ha^{-1}

En las localidades restantes el estrés se presentó menos acentuado, pero si se requiere ordenarla en ese sentido el orden de las afectaciones sería Manuel Tames, América Libre y Enidio Díaz.

La localidad Manuel Tames indistintamente en cepa de caña planta y retoño presentó cuatro y dos cultivares respectivamente, con pérdidas de 40% o más del potencial; sin embargo, el testigo tolerante estuvo en el rango de 11 y 20%. La mayor tolerancia al estrés en ese sitio correspondió a C90-530 y después a C87-632.

En América Libre las pérdidas de B7274 no alcanzaron 20% y con mejor comportamiento que éste en las dos cepas estuvo C128-83. Solamente los cultivares C86-531, C88-380 y C90-501 sobrepasaron 30%.

La localidad Enidio Díaz presentó las menores pérdidas del rendimiento agrícola, debido a que apenas dos cultivar (C90-647 y C90-501) rebasaron el 10% de pérdidas de su potencial, pero inferior a 30%. En caña planta un cultivar (C87-632) y en retoño cinco (C86-531, C88-380, C89-559, C91-356 y CP52-43) mostraron su adaptabilidad a este ambiente al no presentar pérdidas; de igual forma C90-530 y C89-559 no presentaron pérdidas en ninguna cosecha, lo que confirma la utilidad de explotar la adaptabilidad específica.

Según los resultados obtenidos para el contenido azucarero, pudo confirmarse que las mayores afectaciones del estrés por déficit hídrico se originan sobre la producción agrícola de los cultivares y que el cultivo de la caña de azúcar ante la presencia del mismo, después de cierto desarrollo vegetativo, comienza a concentrar los azúcares. De esta forma entre 5 y 10 cultivares de los 15 analizados, incrementaron su rendimiento industrial respecto a la localidad patrón sin estrés (Figura 7).

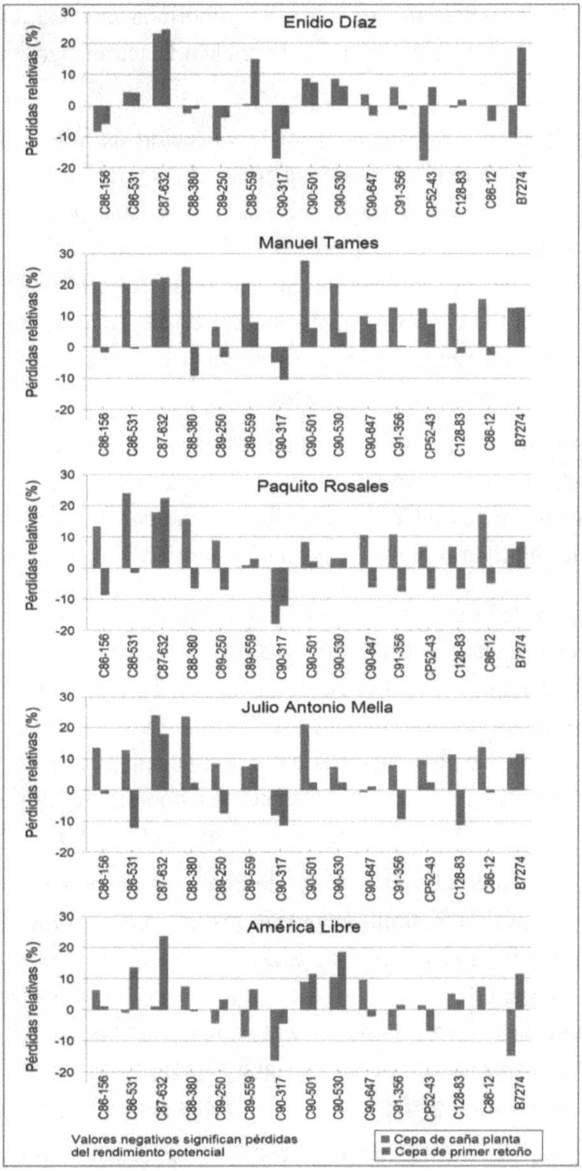

Figura 7. Pérdidas relativas de los cultivares para porcentaje de pol en caña

El planteamiento anterior lo confirmó el hecho de que ningún cultivar rebasó el 20% de pérdidas de su potencial y solo en cuatro estas estuvieron sobre 10%. De acuerdo con este resultado, siempre que se parta de genotipos que exhiban un contenido azucarero aceptable, la selección para la tolerancia a la sequía agrícola debe centrarse en el rendimiento agrícola.

Un aspecto significativo a considerar para la selección definitiva de este grupo de cultivares con vistas a su explotación en la zona representativa de los sitios de la red multiambiental, es el comportamiento desfavorable que para una parte de los ambientes (dos cosechas de caña planta y tres de retoño) exhibió C90-317. Este cultivar se destacó en su producción de caña en Julio A. Mella, uno de los agroecosistemas de la red de mayor expresión del estrés. En este caso sería necesario valorar la producción de azúcar por área (t pol ha^{-1}) y corroborar si logra compensar esos caracteres componentes del rendimiento.

Los resultados discutidos previamente sugieren que el uso del índice de pérdidas relativas del rendimiento, constituye una herramienta que cuando se dispone de una localidad patrón sin estrés, puede resultar efectiva en una aproximación preliminar de la tolerancia de los cultivares al estrés por déficit hídrico.

4.2.2.2. Estimación de la adaptabilidad y estabilidad fenotípica

En el caso del rendimiento de campo (t caña ha^{-1}), el efecto de los genotipos más la interacción genotipo-ambiente alcanzó el orden de 51,2% de la variabilidad total observada en sus dos primeros componentes (Figura 8). Este porcentaje se considera adecuado para representar las relaciones entre ambientes, genotipos y entre estos por medio de las diferentes representaciones bidimensionales (biplots) que se pueden obtener con el modelo de Regresión de Sitios (Yan y col., 2007).

La ubicación de los ambientes en el plano de coordenadas de las componentes 1 y 2 reafirmó una vez más la disimilitud entre los mismos, causa de las diferentes expresiones de los genotipos a través de estos. La localidad Enidio Díaz, con sus dos cosechas (menor ángulo de sus vectores), se ubicó distante del origen de coordenadas y poca correlacionada con casi todos los ambientes restantes; lo que se ratifica como la de mayor poder discriminativo, ventaja que sugiere y confirma que se mantenga dentro de la red, en cualquiera de los dos escenarios como se sugirió anteriormente.

La interacción positiva más significativa con otra localidad se produjo con Manuel Tames, mientras que con los genotipos correspondió a C90-530, C88-380 y C86-531, resultados que contribuyen a reafirmar la toma de decisión de que, si se adopta la variante más viable de la red de tres sitios experimentales, los ambientes de destino de Manuel Tames, tienen respuesta en los ambientes de selección de Enidio Díaz.

En cuanto a las variedades estos resultados también se corresponden con los obtenidos a partir de las pérdidas relativas del rendimiento, donde las tres variedades más asociadas a este ambiente, como fue el caso de C90-530, C88-380 y C86-531, fueron en ese orden las de mayores producción respecto a la localidad control sin estrés con 69, 32 y 12% sobre dicho potencial, lo que da muestra que resultan las más apropiadas para explotar en esa condición ambiental. De acuerdo a la posición de C90-530 y C86-531en la figura respecto al ambiente de Manuel Tames, igualmente estos cultivares permitirían alcanzar altas producciones agrícolas en esa localidad.

Por otra parte, en la Figura 8, se advierte que la localidad Julio Antonio Mella, en sus dos cosechas, se separa del resto de los ambientes y, al igual que Enidio Díaz, presenta un gran poder para discriminar genotipos. Estos resultados evidencian que fue una buena propuesta mantenerla en cualquiera de los dos escenarios posibles de la red de sitios para la selección de cultivares tolerantes al estrés por déficit hídrico.

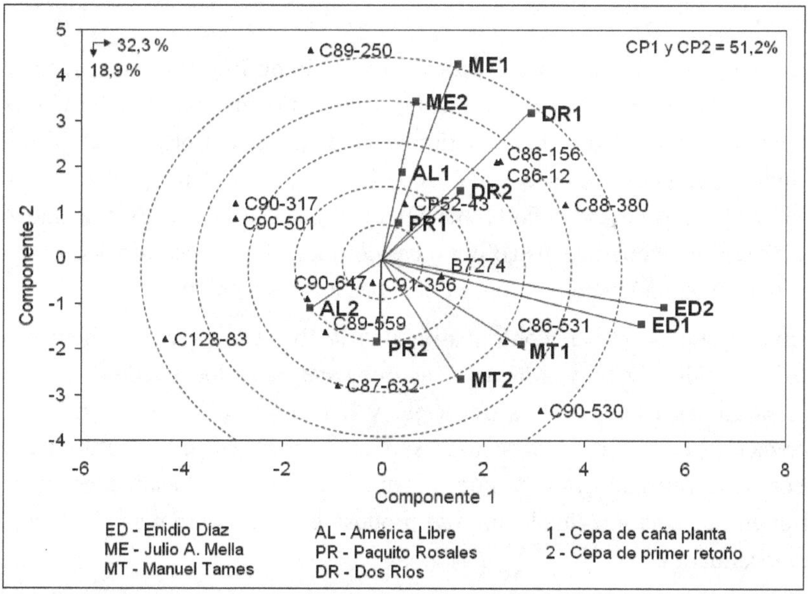

Figura 8. Representación bidimensional del modelo de Regresión de Sitios sobre las relaciones entre los ambientes de prueba y los genotipos para la variable t caña.ha^{-1}

El cultivar que se encontró más asociado a esta localidad y con ello de una probable respuesta satisfactoria en la misma fue C89-250, lo que revela que posee un alto rendimiento agrícola y la coincidencia con los resultados del método de las pérdidas relativas; lo que confirma que éste último método, sencillo de aplicar, puede contribuir a esclarecer la estabilidad y adaptabilidad de los genotipos. También interactuaron positivamente con la localidad Julio Antonio Mella los cultivares C86-12 y C86-156.

Los restantes ambientes presentaron similar capacidad para la diferenciación de los genotipos, al situarse entre el segundo y tercer anillo de la figura, además de que mostraron menos relación dentro de la misma localidad, lo que sugiere considerar las cepas como ambientes diferentes, por lo que una sola cosecha no resultaría suficiente en la identificación de la tolerancia al estrés de los cultivares. Estos resultados no son aplicables para la localidad patrón donde sí estuvieron correlacionadas.

Los genotipos de mejor adaptación a estos ambientes fueron: C128-83, C90-647, C91-356 y C89-559 a la cosecha de retoño de América Libre; C87-632 al retoño de Paquito Rosales y CP52-43 para la cosecha de caña planta de las localidades anteriores.

Al hacer uso de otra de las posibilidades del método de Regresión de Sitios (Figura 9), se pudieron agrupar los 12 ambientes estudiados en cuatro subregiones (ver poligonales formadas al unir los genotipos más distantes del origen del gráfico y al trazar líneas perpendiculares a cada lado del polígono). Una primera subregión formada por las dos cosechas de la localidad testigo (Dos Ríos). Esta localidad, que posee mejores características físico-químicas del suelo y balance hídrico, provoca que los genotipos interactúen con patrones diferentes a otros ambientes.

La segunda subregión la conformaron los ambientes correspondientes a las localidades Enidio Díaz y Manuel Tames. Estas dos localidades, aunque con diferencias en las características del suelo y del clima, como fue señalado en la caracterización de la red, presentan similares patrones de discriminación de genotipos. Este resultado ratifica nuevamente que estas dos localidades, se pueden optimizar en una sola localidad, como se propuso en la variante más viable de la red con tres localidades.

La localidad Julio Antonio Mella y la primera cosecha de las localidades Paquito Rosales y América Libre quedaron en el tercer grupo de ambientes, aunque estos dos últimos ambientes con una menor capacidad de discriminación de genotipos.

Por último, la cuarta subregión se formó con las cosechas de retoño de las localidades Paquito Rosales y América Libre. Estos ambientes presentaron patrones similares de discriminación de genotipos, aunque con menor intensidad que el resto de los grupos de ambientes analizados.

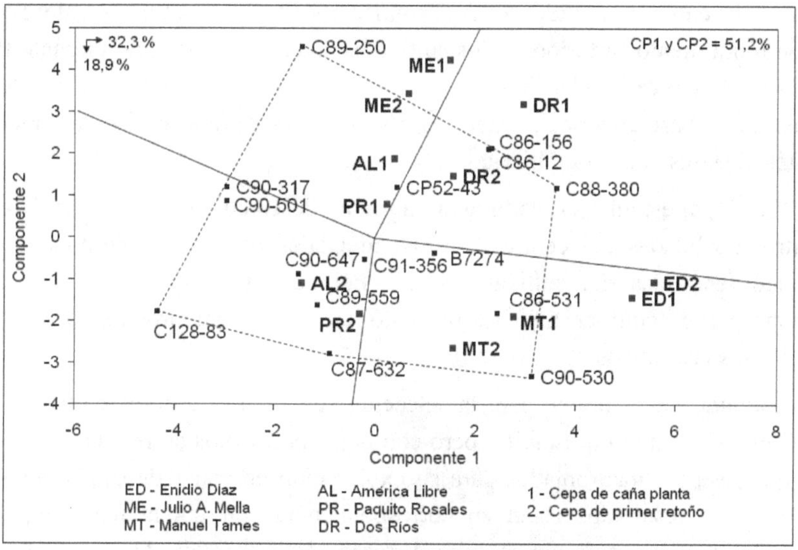

Figura 9. Representación bidimensional del modelo de Regresión de Sitios del comportamiento de los mejores genotipos en cada ambiente para t caña.ha^{-1}

Esta otra variante del modelo de Regresión de Sitios, de identificar las subregiones dentro de la red multiambiental evaluada, ofreció además la posibilidad de precisar el genotipo de mejor respuesta a cada una de estas.

En ese sentido C90-530 fue el cultivar líder de Enidio Díaz y Manuel Tames (segunda subregión); C89-250 de Julio Antonio Mella y América Libre y finalmente C128-83 de la cuarta subregión.

Yan y col. (2007) señalaron que una de las ventajas más atractivas de este biplot es la capacidad de agrupar las localidades en "macroambientes" o subregiones y de mostrar los mejores cultivares para cada una de estas subregiones. En este sentido, Glaz y Kang (2008), en un estudio en caña de azúcar en el sur de La Florida con 17 genotipos y nueve localidades, utilizaron el modelo de Regresión de Sitios para determinar la contribución de las localidades de prueba del Programa de Mejora de La Florida, en cuanto a su capacidad de discriminación de genotipos, y de este modo reestructurar la red de sitios experimentales.

Respecto a la estabilidad de los genotipos se pudo constatar que resultaron estables C88-380, C86-156 y C86-12, menor distancia de sus proyecciones sobre la flecha doble y el centro de coordenadas de la Figura 10, y además de altos rendimientos (mayor distancia de la proyección de estos genotipos en el sentido de la flecha oblicua y el centro de coordenadas). También resultaron fenotípicamente estables, pero con rendimientos inferiores a los cultivares anteriores el testigo tolerante B7274 y CP52-43. Estos resultados indican que aún con las limitaciones en cuanto a la estrechez de la base genética pueden lograrse avances en la selección de individuos tolerantes al estrés por déficit hídrico.

García (2004), al estudiar el rendimiento agrícola de 16 cultivares de caña de azúcar en cuatro localidades del centro de Cuba afectadas por sequía agrícola, informó estabilidad fenotípica del cultivar C86-12. Por su parte, González y col (2001) señalaron que el cultivar C86-12 presentó un buen comportamiento en suelos Ferralitizados cuarcíticos.

Como resultado desfavorable para la selección se encontró que los cultivares C91-356 y C90-647 resultaron estables, pero con bajos promedios de rendimiento, lo que indicó que resultan inapropiados para su explotación en zonas de estrés por sequía agrícola. Estos resultados están en correspondencia con los índices de pérdidas relativas de los mismos donde en Julio Antonio Mella y Enidio Díaz exhibieron las mayores pérdidas.

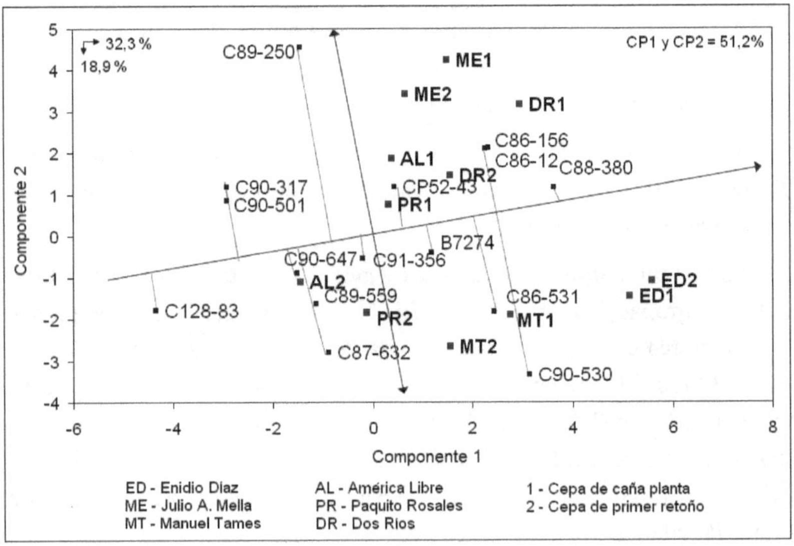

Figura 10. Representación bidimensional del modelo de Regresión de Sitios del comportamiento medio de los genotipos y su estabilidad para t caña.ha^{-1}

En el contenido azucarero, en concordancia con su menor expresión ambiental, se logró explicar un mayor porcentaje (64,1%) de la variabilidad total contenida en los efectos de los genotipos más la interacción genotipo-ambiente, en los dos primeros componentes del modelo de regresión (Figura 11). Obsérvese que a diferencia del rendimiento agrícola se aprecia una menor diferenciación de los ambientes de prueba (mayor agrupación de los ambientes con un menor ángulo entre sus vectores).

Las dos cosechas de la localidad testigo (Dos Ríos) se diferenciaron del resto de los ambientes, fundamentalmente la cepa de primer retoño, dado por la longitud de su vector. Estos resultados confirman entonces su utilidad como patrón tanto para el rendimiento agrícola como para la calidad, lo que está relacionado con las propias características de esta localidad, como se ha señalado anteriormente y que provoca patrones diferenciados entre los genotipos para esta variable.

Entre el resto de los ambientes se observó una alta y positiva correlación, lo que indica que para discriminar genotipos por la calidad una red amplia como la necesaria para el rendimiento de campo no se justificaría. Las observaciones para el contenido azucarero podrían optimizarse a una sola localidad con estrés más Enidio Díaz que por separarse, su cosecha de caña planta, habría que discriminar directamente en la misma.

De cuatro subregiones que se lograron visualizar para t caña ha^{-1}, se redujeron a tres para el porcentaje de pol en caña (Figura 12). Este resultado puso de manifiesto una vez más que la selección de variedades tolerantes al estrés por sequía agrícola, es más simple para la calidad del jugo, necesitándose que las variedades a evaluar sean de alto contenido azucarero, lo que está relacionado con la alta herencia de ese carácter comprobada en este estudio.

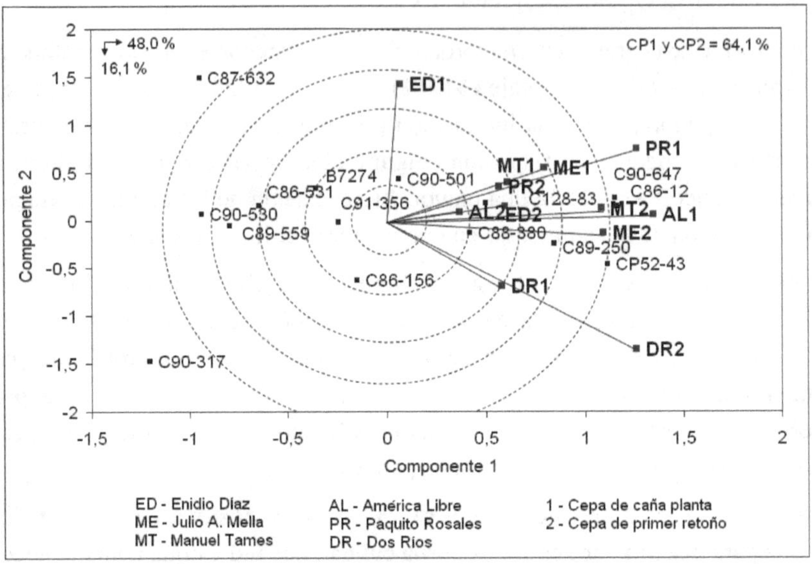

Figura 11. Representación bidimensional del modelo de Regresión de Sitios sobre las relaciones entre los ambientes de prueba y los genotipos para la variable porcentaje de pol en caña

De las tres regiones conformadas, una correspondió a los ambientes de la localidad patrón sin estrés, por lo que de cinco localidades con diferentes manifestaciones del estrés, con dos localidades podrían encaminarse los trabajos de selección; Enidio Díaz y Julio Antonio Mella, representativa esta última de América Libre, Paquito Rosales y Manuel Tames.

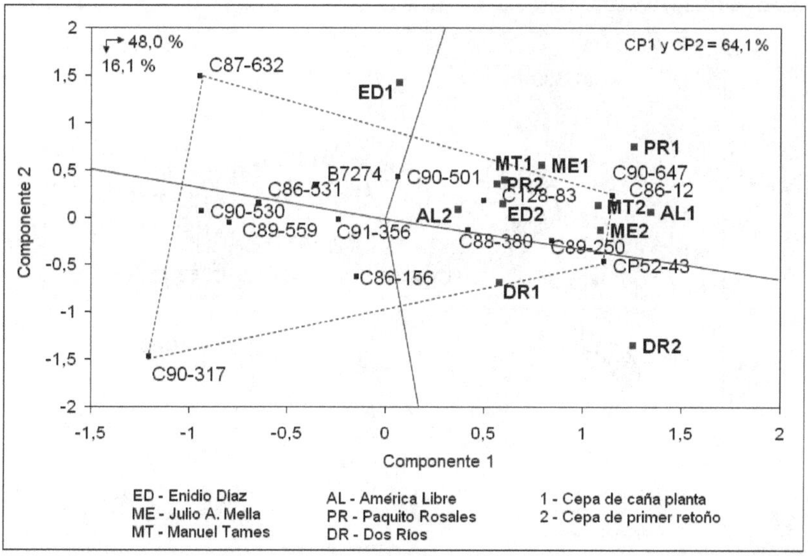

Figura 12. Representación bidimensional del modelo de Regresión de Sitios del comportamiento de los mejores genotipos en cada ambiente para el porcentaje de pol en caña

En la subregión de Enidio Díaz el cultivar de mejor respuesta fue C87-632. En el caso de Julio Antonio Mella, representativa de la segunda subregión de estrés los cultivares de mejores desempeños fueron: C86-12 y C90-647.

En la Figura 13, se ilustra la estabilidad fenotípica de los cultivares para el contenido azucarero. De acuerdo con esta figura los genotipos más estables y con alto contenido azucarero resultaron ser: C90-647, C86-12 y C89-250, y también C128-83, C88-380 y C90-501, aunque estos tres últimos cultivares su promedio fue menor que el grupo anterior.

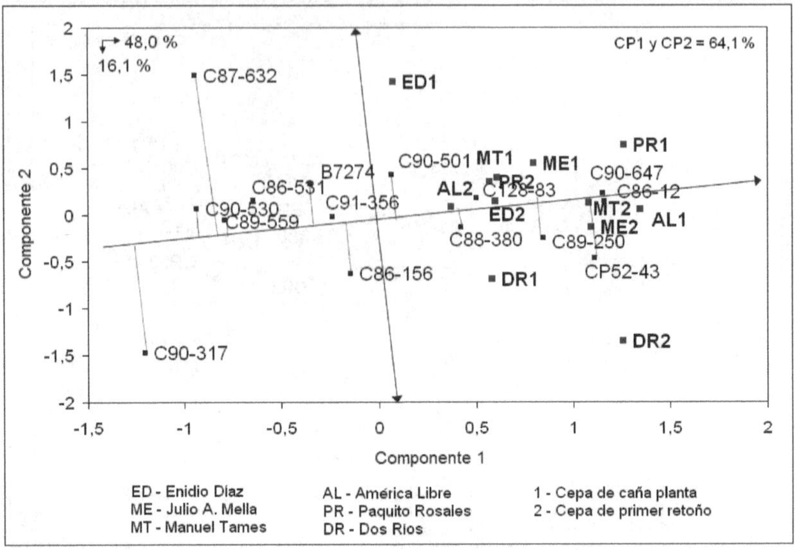

Figura 13. Representación bidimensional del modelo de Regresión de Sitios del comportamiento medio de los genotipos y su estabilidad para el porcentaje de pol en caña

Por otra parte, resultaron estables a través de todos los ambientes, pero con bajo contenido azucarero C91-356, C86-531, C89-559 y C90-530. En el caso de este último cultivar, al resultar líder en rendimiento agrícola en la subregión formada por Enidio Díaz y Manuel Tames sugiere de una revisión de su rendimiento de azúcar por área para comprobar si se compensan los valores rendimiento cañero y de calidad.

Los efectos de los genotipos más la interacción genotipo-ambiente para t pol ha^{-1} representó 53,8% de la variabilidad total de acuerdo a los dos primeros componentes (Figura 14). Se observó similar tendencia a la obtenida en la representación bidimensional (biplot) del rendimiento agrícola, comportamiento lógico ya que esta variable está muy influenciada por t caña.ha^{-1} (López, 1986; Castro, 1991 y García, 2004). En este caso las dos cosechas de las localidades Enidio Díaz y Manuel Tames se mostraron relacionadas y con ello es de esperar una complementación entre ambas. Los cultivares de mejor desempeño en éstas fueron: C90-530, C88-380 y C86-531.

La localidad Enidio Díaz presentó mayor capacidad discriminatoria de genotipos que Manuel Tames, patrón similar a lo obtenido en el rendimiento agrícola, esto ratifica la necesidad de utilizar esta localidad en los estudios finales del Programa de Mejora de la región sur-oriental.

La mayor capacidad discriminatoria de genotipos se pudo observar en Dos Ríos y Julio Antonio Mella, altamente relacionadas. También se encuentran relacionadas con estas dos localidades la primera cosecha de Paquito Rosales y América Libre, aunque estos dos últimos ambientes con menor magnitud de discriminación. En estos ambientes los cultivares de mejor desempeño fueron: C86-12, CP52-43, el testigo B7274 y C86-156.

Obsérvese también la segunda cosecha de las localidades América Libre y Paquito Rosales ubicadas cerca del origen de coordenadas, no relacionada con el resto de los ambientes y con una baja capacidad discriminatoria, dado por la longitud de sus vectores. Los cultivares de mejores desempeños en la cepa de retoño de América Libre fueron: C89-250, C90-647, C90-317 y C90-501. En el caso Paquito Rosales los cultivares que presentaron relación positiva con este ambiente fueron: C91-356, C89-559 y C87-632.

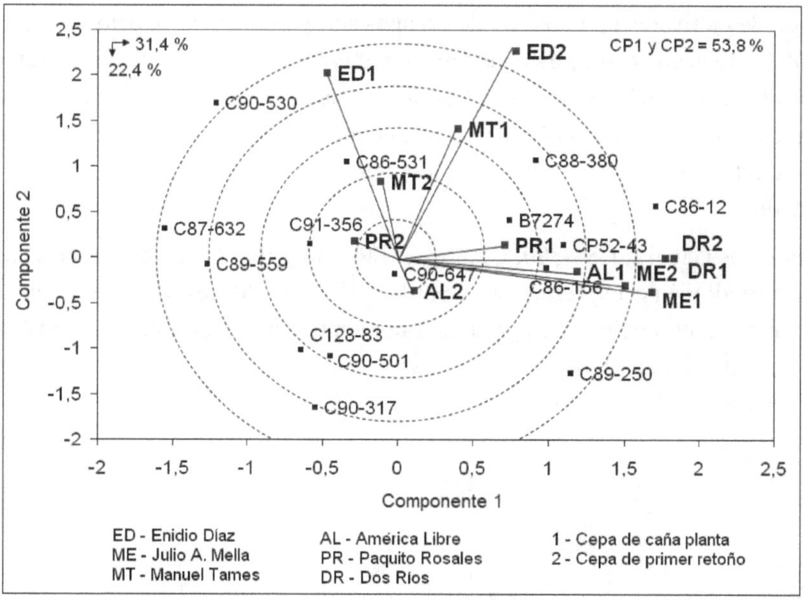

Figura 14. Representación bidimensional del modelo de Regresión de Sitios sobre las relaciones entre los ambientes de prueba y los genotipos para la variable t pol ha^{-1}

El patrón de diferenciación entre genotipos para la variable t pol ha^{-1}, así como los cultivares de mejor respuesta para cada uno de estos grupos de ambiente, permitió diferenciar cinco grupos de ambientes (Figura 15). Un primer grupo contiene las dos cosechas de las localidades Dos Ríos y Julio A. Mella, además de la cepa de caña planta de América Libre, Manuel Tames y Paquito Rosales y la segunda cosecha de Enidio Díaz. En este grupo el cultivar de mejor respuesta fue C86-12.

Por otra parte, se puede observar la cepa de retoño de la localidad América Libre formando un sector independiente, señalándose al cultivar C89-250 como el de mejor respuesta. También se puede apreciar la cepa de retoño de la localidad Paquito Rosales ubicado en un sector independiente, destacándose el cultivar C87-632 como el de mejor rendimiento para el contenido azucarero por unidad de superficie. Asimismo, obsérvese un quinto grupo de ambiente formado por la cepa de caña planta de Enidio Díaz y la cepa de retoño de Manuel Tames. En este último grupo de ambientes el cultivar de mejor respuesta fue C90-530.

Los agrupamientos de ambientes formados para el rendimiento de azúcar por área, indicaron que, con una sola localidad, como un primer resultado, da respuesta a la selección de cultivares en la región de oriente- sur, pero sería necesario confirmar los resultados en las dos cepas. Esto se debe a que en el caso de la cosecha de retoño de las localidades América Libre, Paquito Rosales y Manuel Tames, estas se diferenciaron de la cepa de caña planta, lo que ratifica la valides de las dos propuestas de red de estudios multiambientales para la región expuestas en el primer objetivo de este estudio.

Los cultivares C86-12, C88-380, CP52-43, C86-156 y B7274 fueron los más estables y de alto rendimiento expresado en t pol ha^{-1} (Figura 16), resultados que coinciden plenamente con el rendimiento agrícola. También resultaron estables C90-647 y C91-356, pero con valores inferiores a la media.

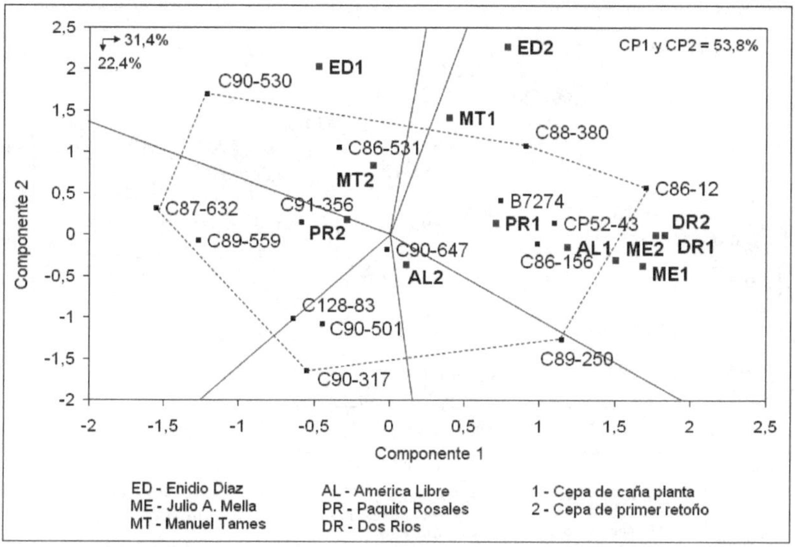

Figura 15. Representación bidimensional del modelo de Regresión de Sitios del comportamiento de los mejores genotipos en cada ambiente para la variable t pol.ha^{-1}

En la literatura se informa el uso de las salidas gráficas del modelo de Regresión de Sitios en el análisis de los datos provenientes de estudios multiambientales de diferentes cultivos (Crossa y col. 2002; Yan y col. 2007; Ding y col. 2009).

Gauch (2008), refiere que los análisis estadísticos multivariados, entre ellos la Regresión de Sitios, tienen la ventaja de obtener un modelo "rico en patrón" (efectos repetibles de la interacción genotipo-ambiente), al que se le separa un residual abundante en "ruido" (efectos sin patrón definido, no repetibles), por lo que son mucho más precisos que otros modelos, como el análisis de agrupamiento. Este autor, señala además, que cada componente principal del modelo SREG y otros basados en la descomposición de valores y vectores propios, son esencialmente equivalentes, y que están entre los principales métodos estadísticos utilizados para el análisis de datos en experimentos multiambientales.

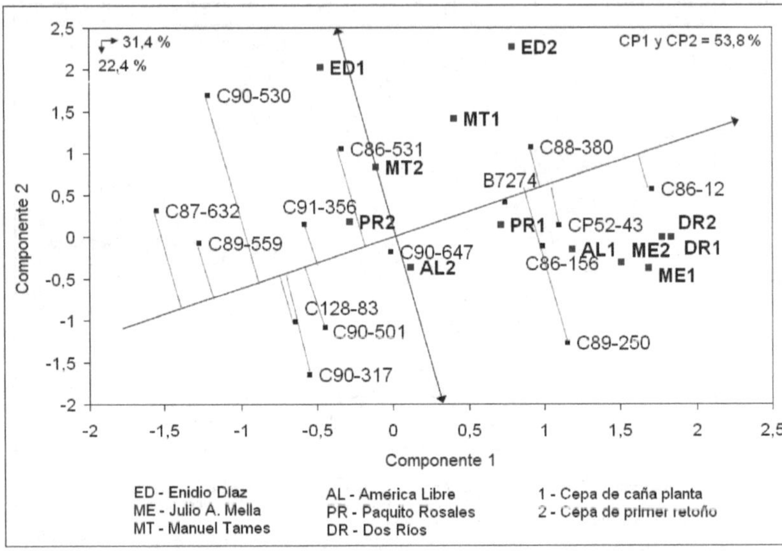

Figura 16. Representación bidimensional del modelo de Regresión de Sitios del comportamiento medio de los genotipos y su estabilidad para la variable t pol.ha^{-1}

Yan y Hunt (2002), plantean varias limitaciones para la Regresión de Sitios tales como: (1) requiere que los datos sean balanceados; (2) puede a veces explicar solo una pequeña parte de los efectos de los genotipos más la interacción genotipo-ambiente; (3) es un poco tedioso de procesar usando las herramientas estadísticas convencionales. Sin embargo, Gálvez (2010) sugirió que estas limitaciones pueden atenuarse si se usa el software GGEbiplot (Yan, 2001) u otro con propósitos similares, y concluye el autor que este método constituye un avance importante para describir, representar y poder entender mejor la interacción genotipo-ambiente dentro del proceso de mejoramiento de plantas.

La conjugación de los resultados de la respuesta de los genotipos al estrés por déficit hídrico, tanto por las pérdidas relativas como por la adaptabilidad y estabilidad fenotípica, permitieron hacer una primera clasificación de los cultivares hasta tanto no se cuente con nuevos estudios, que servirá de guía para su explotación comercial, con el objetivo de alcanzar los mayores potenciales del rendimiento.

Cultivares no tolerantes al estrés: C90-501, C90-647 y C91-356

Cultivares de tolerancia media y adaptación específica:

- C128-83, C87-632 (Paquito Rosales y América Libre)

- C90-530, C86-531 y C89-559 (Enidio Díaz y Manuel Tames)
- C89-250 y C90-317 (Julio Antonio Mella)

Cultivares tolerante de amplia adaptabilidad y alto rendimiento: C88-380, C86-156 y C86-12.

4.3. Definición de indicadores morfofisiológicos asociados con la tolerancia al estrés por déficit hídrico

4.3.1. Estudio de variables del sistema radical en genotipos de caña de azúcar

Los resultados del análisis de varianza factorial realizado para las tres variables evaluadas del sistema radical indicaron que la mayor contribución a la varianza fenotípica total correspondió a los efectos ambientales (localidad) superior en los primeros 40 cm de suelo con una tendencia a disminuir con la profundidad del mismo (Cuadros 9 y 10).

El máximo valor de la varianza ambiental se alcanzó en la densidad de raíces gruesas con 70,8% en la profundidad de 20 a 40 cm, 56,7% para la densidad de raíces finas en los primeros 20 cm y 54,5% para las raíces totales en el mismo nivel del suelo. Para estas tres variables, los efectos de la interacción genotipo-ambiente se incrementaron con la profundidad del suelo.

Los estimados de varianza genética, heredabilidad y coeficiente genético de variación de la variable densidad de raíces finas, fueron superiores a los obtenidos para densidad de raíces gruesas y totales, hasta 40 cm de profundidad (0 a 20 cm y 20 a 40 cm). También se apreció que con el aumento de la profundidad del suelo estos parámetros genéticos disminuyen, a la vez que se incrementan los efectos de la interacción genotipo-ambiente, lo que evidencia que la penetración y exploración de las raíces hacia la profundidad del suelo está vinculada a esa interacción, por lo que producen variaciones de un genotipo a otro y de una localidad a otra.

Cuadro 9. Componentes de varianza y parámetros genético-estadísticos de la densidad de raíces gruesas y finas

Prof.		Raíces gruesas			Raíces finas		
(cm)	Estadígrafos	σ^2	ES	PVT	σ^2	ES	PVT
0-20	$\sigma^2 g$	0,29 ±	0,17	30,1	0,52 ±	0,33	18,6
	$\sigma^2 l$	0,33 ±	0,25	34,6	1,47 ±	1,09	52,8
	$\sigma^2 gxl$	0,27 ±	0,09 *	28,5	0,68 ±	0,23 *	24,4
	$\sigma^2 e$	0,06 ±	0,01 *	6,8	0,12 ±	0,01 *	4,2
	VA	0,39		41,4	1,59		57,0
	Media	5,47			5,37		
	h_e^2	0,75 ±	0,35 *		0,68 ±	0,24 *	
	CVG (%)	13,8			18,9		
20-40	$\sigma^2 g$	0,01 ±	0,04	1,0	0,13 ±	0,09	17,3
	$\sigma^2 l$	0,42 ±	0,32	59,7	0,33 ±	0,25	42,5
	$\sigma^2 gxl$	0,20 ±	0,07 *	28,2	0,20 ±	0,08 *	26,0
	$\sigma^2 e$	0,08 ±	0,01 *	11,1	0,11 ±	0,01 *	14,2
	VA	0,50		70,8	0,44		56,7
	Media	3,48			3,94		
	h_e^2	0,09 ±	0,12		0,63 ±	0,24 *	
	CVG (%)	3,4			13,2		
40-60	$\sigma^2 g$	0,02 ±	0,06	3,1	0,00 ±	0,05	0,0
	$\sigma^2 l$	0,36 ±	0,28	49,2	0,00 ±	0,02	0,0
	$\sigma^2 gxl$	0,30 ±	0,10 *	41,3	0,40 ±	0,13 *	88,1
	$\sigma^2 e$	0,05 ±	0,01 *	6,5	0,05 ±	0,01 *	11,9
	VA	0,41		55,7	0,05		11,9
	Media	2,50			3,05		
	h_e^2	0,17 ±	0,18		0 ±	0,23	
	CVG (%)	8,4			0		
60-80	$\sigma^2 g$	0,00 ±	0,07	0,0	0,06 ±	0,11	8,0
	$\sigma^2 l$	0,07 ±	0,08	12,1	0,07 ±	0,09	9,9
	$\sigma^2 gxl$	0,43 ±	0,14 *	74,8	0,46 ±	0,16 *	61,4
	$\sigma^2 e$	0,07 ±	0,01 *	13,1	0,16 ±	0,02 *	20,7
	VA	0,14		25,2	0,23		30,6
	Media	1,65			2,03		
	h_e^2	0 ±	0,26		0,26 ±	0,30	
	CVG (%)	0			16,4		

Prof. – Profundidad. σ^2. Componente de varianza g. genotipos l. localidades gxl. Interacción genotipo x localidad e. error experimental VA. Variancia ambiental ES. Error estándar PVT. Porcentaje de la varianza total *. Estimado preciso ($\leq 2\sigma^2$) h_e^2. Heredabilidad CVG. Coeficiente Genético de Variación

Cuadro 10. Componentes de varianza y parámetros genético-estadísticos de la densidad de raíces totales

Prof. (cm)	Estadígrafos	Raíces totales $\square^2$		ES		PVT
0-20	$\sigma^2 g$	0,64	±	0,38		24,3
	$\sigma^2 l$	1,17	±	0,88		44,5
	$\sigma^2 gxl$	0,68	±	0,23	*	25,9
	$\sigma^2 e$	0,14	±	0,02	*	5,4
	VA	1,31				49,8
	Media	7,72				
	h_e^2	0,73	±	0,29	*	
	CVG (%)	14,6				
20-40	$\sigma^2 g$	0,07	±	0,09		8,3
	$\sigma^2 l$	0,34	±	0,26		38,2
	$\sigma^2 gxl$	0,33	±	0,12	*	37,2
	$\sigma^2 e$	0,14	±	0,02	*	16,3
	VA	0,48				54,5
	Media	5,29				
	h_e^2	0,37	±	0,21		
	CVG (%)	7,2				
40-60	$\sigma^2 g$	0,00	±	0,07		0,0
	$\sigma^2 l$	0,17	±	0,16		22,3
	$\sigma^2 gxl$	0,53	±	0,18	*	69,6
	$\sigma^2 e$	0,06	±	0,01	*	8,1
	VA	0,23				30,4
	Media	3,98				
	h_e^2	0	±	0,17		
	CVG (%)	0				
60-80	$\sigma^2 g$	0,02	±	0,17		1,6
	$\sigma^2 l$	0,08	±	0,12		6,8
	$\sigma^2 gxl$	0,86	±	0,29	*	75,3
	$\sigma^2 e$	0,19	±	0,02	*	16,3
	VA	0,26				23,1
	Media	2,70				
	h_e^2	0,06	±	0,30		
	CVG (%)	7,2				

Prof. – Profundidad. σ^2. Componente de varianza g. genotipos l. localidades gxl. Interacción genotipo x localidad e. error experimental VA. Variancia ambiental ES. Error estándar PVT. Porcentaje de la varianza total *. Estimado preciso ($\leq 2\ \sigma^2$) h_e^2. Heredabilidad CVG. Coeficiente Genético de Variación

Los resultados anteriores indican que la densidad de raíces finas, en los primeros 40 cm de suelo, puede utilizarse como indicador de la respuesta de los genotipos al estrés por déficit hídrico, al presentar un mayor efecto genético (mayor componente de varianza genética, mayor heredabilidad) y por tanto resultar más práctica su estimación, al solo necesitar de una evaluación en cualquiera condición ambiental.

El análisis del comportamiento de la variable anterior (densidad de raíces finas) entre variedades de diferentes niveles de tolerancia al estrés por déficit hídrico, permitió dilucidar la estrecha relación entre ambas variables, al asociarse los de mayor densidad con la de mejor respuesta al estrés, como fue el caso de C88-380 y contrariamente los de menor densidad (C90-647 y C90-501) con los resultados más desfavorables (Figura 17).

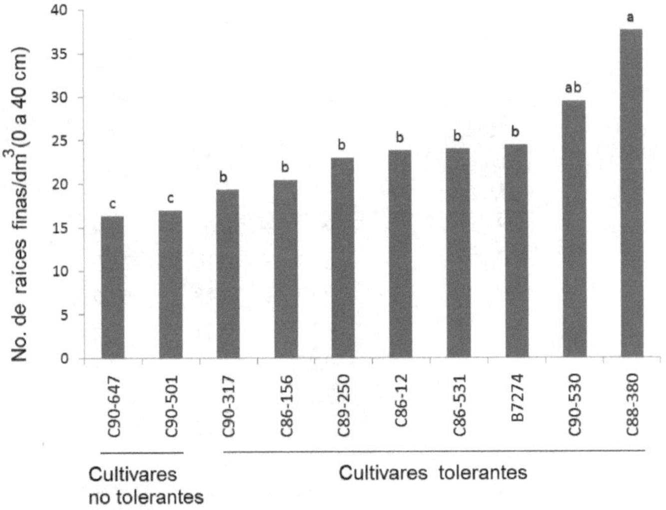

Figura 17. Análisis de varianza por cultivares para la densidad de raíces finas de 0 a 40 cm.

La cartografía de la densidad de raíces finas en las cuatro profundidades estudiadas permitió observar diferencias en la magnitud de esta variable con respecto a los ambientes de alto estrés y sin estrés (Figura 18). También se aprecian variaciones en cuanto a los grupos de cultivares, con un incremento en la densidad de raíces finas en el grupo de cultivares tolerantes en relación con los no tolerantes. Por otra parte, se puede observar que la mayor concentración de raíces se encuentra en la primera capa de suelo (0 a 20 cm), con una tendencia a disminuir progresivamente con la profundidad del suelo y distancia respecto al centro de la cepa, aunque de manera diferenciada por cultivares.

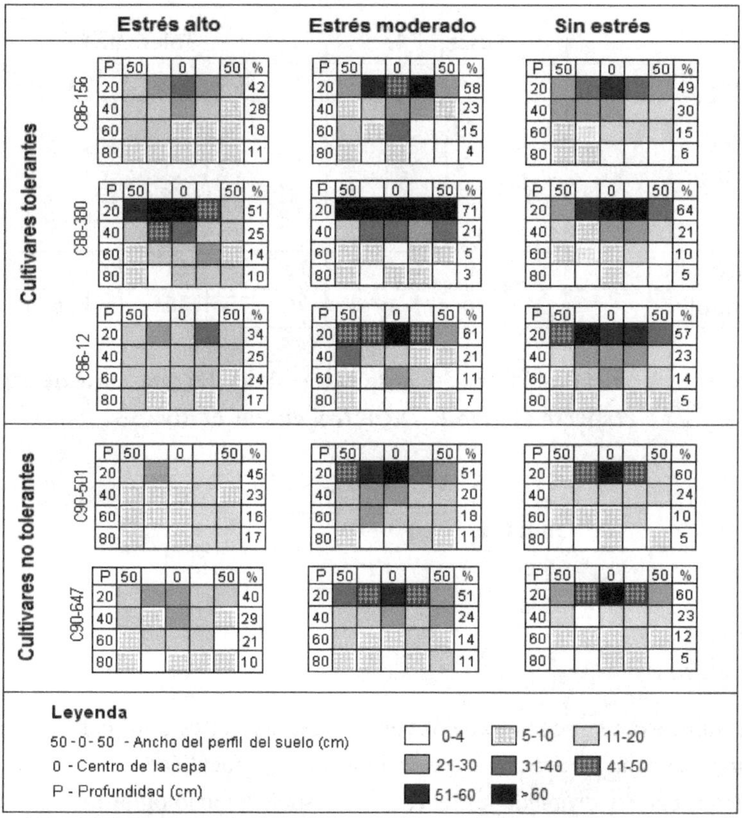

Figura 18. Cartografía de la densidad de raíces finas (número de raíces.dm^{-3}) y porcentaje total por profundidad en el perfil del suelo

La densidad de raíces finas demostró ser un carácter indicador de la tolerancia al estrés por déficit hídrico, pues se modifica ante situaciones extremas del mismo (Cuadro 11 y 12). El valor de esta variable disminuye en presencia del estrés en los primeros 40 cm de profundidad del suelo, tanto en variedades susceptibles (-19 raíces.dm^3 en C90-501) como tolerantes (-10 raíces.dm^3 en C86-156), pero de manera más acentuado en las variedades susceptibles. Después de esa profundidad las variedades susceptibles necesitan explorar una mayor cantidad de suelo para su supervivencia, entonces su masa de raíces puede incrementarse.

Cuadro 11. Densidad de raíces finas (No. raíces dm^{-3}) por grupos de tolerancia al estrés por déficit hídrico

Grupo de tolerancia	Susceptible				Tolerante					
Profundidad	< 40 cm		> 40 cm		< 40 cm			> 40 cm		
Cultivar	C90-501	C90-647	C90-501	C90-647	C86-156	C88-380	C86-12	C86-156	C88-380	C86-12
Estrés alto	7	8	6	5	16	27	11	8	13	11
Control	26	30	5	7	26	33	36	9	6	10

Cuadro 12. Diferencia de la densidad de raíces finas del ambiente de estrés con respecto al ambiente control en dos cultivares

	Susceptible	Tolerante
Profundidad	C90-501	C86-156
< 40 cm	-19	-10
> 40 cm	1	-1

En la literatura existen pocos trabajos relacionado con el estudio del sistema radical en genotipos de caña de azúcar. Estos estudios se han focalizado, fundamentalmente, en su relación con las propiedades físicas de los suelos, tecnologías de cosecha, riego, fertilizantes y diferencias cuantitativas y cualitativas entre genotipos. En ese sentido, Vasconcelos y col. (2003), señalaron diferencias significativas encontradas en los factores estudiados (cultivares, profundidad del suelo y sistema de cosecha (mecanizada-verde y manual-quemada)).

Por su parte, Leyva y col. (2000), en un estudio de tres variantes de preparación de suelos, encontraron diferencias altamente significativas respecto al número de raíces, respecto a la modalidad de preparación de suelos, nivel de profundidad y su interacción. Álvarez y col. (2000), encontraron diferencias significativas entre sistemas de cosecha (verde y quemada), cepa y profundidad, y sus interacciones y que la mayor concentración de raíces se encontró en las capas superficiales del suelo.

Ehdaire y col., (2003) en un estudio sobre el mejoramiento del sistema radical del cultivo del trigo, a través de la traslocación cromosómica, obtuvieron un efecto positivo sobre la producción del grano y la resistencia a la sequía.

Leyva y col. (2000), en caña de azúcar, encontraron una relación inversa entre la profundidad y el número de raíces. Vasconcelos y col. (2003) señalaron que en caña de azúcar el 72% del total de raíces encontradas en los primeros 40 cm de profundidad. Por su parte, Ball-Coeho y col. (1992) también en caña de azúcar observaron que el 69,7% del sistema radical se distribuía a 50 cm.

Por otra parte, Landell y col. (2005) señalaron que las características genéticas de los cultivares de caña de azúcar, determinan diferencias en cuanto al desarrollo y distribución del sistema radical. Estos autores informan que existen genotipos con mayor concentración de raíces en la superficie del suelo, mientras otros presentan una distribución más uniforme; algunos cultivares presentan mayor proporción de raíces finas, mientras que en otros predominan raíces gruesas.

Landell y col. (2003), encontraron diferencias en seis genotipos de caña de azúcar en cuanto a la cantidad total de raíces presentes en suelo y el diámetro de las raíces. Estos autores acotaron que la rusticidad del cultivar IACSP93-3046 puede ser debido a la mayor uniformidad de la densidad de raíces que presenta respecto al resto de los genotipos, así como del diámetro de sus raíces.

Nodichao y col. (2011) en un estudio de variabilidad genotípica del sistema radical de la palma aceitera encontraron que el genotipo presumiblemente tolerante a la sequía presentó un alto valor de biomasa, longitud y área de superficie de raíces que otros genotipos probablemente susceptibles. Estos mismos autores señalaron que el sistema radical del genotipo tolerante fue denso y por tanto potencialmente más eficiente en la absorción del agua que los genotipos susceptibles. Sin embargo, Cao (2000) y Da Matta (2004) señalan que entre los favorables caracteres para la adaptación de las plantas a la sequía se encuentran la profundidad del sistema de radical y la eficiencia en la regulación de los estomas.

Nodichao y col. (2011) expresan la necesidad de ampliar los estudios de raíces directamente en el campo bajo diferentes ecosistemas para mejorar el conocimiento del sistema radical en las plantas y la absorción del agua.

Como se señaló anteriormente los estudios genéticos-estadísticos del sistema radical en caña de azúcar han sido muy limitados tanto en el ámbito nacional como internacional y particularmente en el tema de la respuesta de los diferentes cultivares de caña al estrés por déficit hídrico. En este sentido, los resultados este trabajo son de gran valor para la selección de nuevos cultivares y la optimización del Programa de Mejora Genética de la caña de azúcar en Cuba, a través del conocimiento de los componentes de varianza fenotípica y heredabilidad de las variables de raíces evaluadas y su posible utilización en la predicción de la tolerancia de los genotipos al estrés ambiental.

4.3.2. Modelo de pronóstico para el uso de indicadores morfofisiológicos en la selección de cultivares tolerantes al estrés por déficit hídrico

En el cuadro 13, se pueden apreciar las principales relaciones (coeficiente de correlación) entre las variables morfofisiológicas, la densidad de raíces finas (de 0 a 40 cm) y el rendimiento agrícola (t caña ha^{-1}) a través de los tres sitios evaluados con diferentes grados de estrés ambiental. Obsérvese que se obtuvieron relaciones fuertes y positivas de la densidad de raíces finas de 0 a 40 cm con la densidad de raíces finas en las profundidades de 0 a 60 cm y de 0 a 80 cm con 0,99 y 0,96 respectivamente. Este resultado indica que con determinar la densidad de raíces finas en los primeros 40 cm de suelo, se logra un estimado de la misma hasta los 80 cm de profundidad del suelo.

De igual modo, se obtuvieron altas correlaciones positivas de la densidad de raíces finas de 0 a 40 cm con la densidad de raíces totales en los niveles de 0 a 20 cm, 0 a 40 cm, 0 a 60 cm y 0 a 80 cm. Estos resultados eran de esperar debido a la contribución que realiza la densidad de raíces finas al total de raíces en los diferentes niveles de suelo como se explicó anteriormente en la figura 18 de la cartografía de la cantidad y distribución de las raíces en el perfil del suelo.

Asimismo, se obtuvieron coeficientes de correlación positivos y moderados de la densidad de raíces finas de 0 a 40 cm con las variables ancho de la hoja (+5), área foliar de tallo, área foliar del plantón e índices de área foliar. Estas relaciones pudieran servir como base para una posible modelación de la densidad de raíces finas a partir de estas variables, medidas en la parte aérea de la planta.

Igualmente, se puede apreciar la relación positiva y significativa de la densidad de raíces finas (de 0 a 40 cm) con el rendimiento agrícola (r=0,74) y sus componentes (diámetro y volumen del tallo). También se observaron correlaciones moderadas de t caña ha^{-1} con la densidad de raíces totales en los niveles desde 0 a 20 cm hasta 80 cm de profundidad. Otras de las variables que correlacionaron con el rendimiento agrícola fueron ancho del limbo de la hoja +5, área foliar de la hoja +5, área foliar del tallo y el índice del área foliar con valores de 0,64; 0,65; 0,64 y 0,71 respectivamente.

Cuadro 13. Principales correlaciones de las variables morfofisiológicas evaluadas con la densidad de raíces finas (0-40 cm) y t caña ha^{-1}

Variables	($DRF_{0\text{-}40\ cm}$)	t caña ha^{-1}
Densidad de raíces finas $_{0\text{-}20\ cm}$	0.97*	0,72*
Densidad de raíces finas $_{20\text{-}40\ cm}$	0.80*	0,60*
Densidad de raíces finas $_{40\text{-}60\ cm}$	0.24	0,18
Densidad de raíces finas $_{60\text{-}80\ cm}$	-0.06	-0,08
Densidad de raíces finas $_{0\text{-}40\ cm}$ ($DRF_{0\text{-}40\ cm}$)	-	0,74*
Densidad de raíces finas $_{0\text{-}60\ cm}$	0,99*	0,72*
Densidad de raíces finas $_{0\text{-}80\ cm}$	0,96*	0,71*
Densidad de raíces gruesas $_{0\text{-}20\ cm}$	0.65*	0,38
Densidad de raíces gruesas $_{20\text{-}40\ cm}$	0.23	0,21
Densidad de raíces gruesas $_{40\text{-}60\ cm}$	-0.04	0,12
Densidad de raíces gruesas $_{60\text{-}80\ cm}$	0.00	0,07
Densidad de raíces gruesas $_{0\text{-}40\ cm}$	0.62*	0,38
Densidad de raíces gruesas $_{0\text{-}60\ cm}$	0.52*	0,36
Densidad de raíces gruesas $_{0\text{-}80\ cm}$	0,51*	0,37
Densidad de raíces totales $_{0\text{-}20\ cm}$	0.93*	0,64*
Densidad de raíces totales $_{20\text{-}40\ cm}$	0.65*	0,51*
Densidad de raíces totales $_{40\text{-}60\ cm}$	0.12	0,19
Densidad de raíces totales $_{60\text{-}80\ cm}$	-0.03	-0,01
Densidad de raíces totales $_{0\text{-}40\ cm}$	0.94*	0,66*
Densidad de raíces totales $_{0\text{-}60\ cm}$	0.90*	0,66*
Densidad de raíces totales $_{0\text{-}80\ cm}$	0,88*	0,65*
Porcentaje de pol en caña	0,13	0,21
t pol ha^{-1}	0,70*	0,95*
Diámetro del tallo	0.58*	0,68*
Longitud del tallo	0.54*	0,72*
Volumen del tallo	0.60*	0,74*
Número de hojas activas	-0.14	-0,31
Ancho hoja +5	0.61*	0,64*
Longitud hoja +5	0.33	0,42
Área foliar hoja +5	0.59*	0,65*
Área foliar del tallo	0.59*	0,64*
Índice del área foliar	0.54*	0,71*
Contenido relativo de agua	0.15	0,16
Déficit de saturación hídrica	0.13	0,16

* - significativo a $p<0,05$; n=90

Por otra parte, no se encontró una relación importante entre la densidad de raíces finas de 0 a 40 cm y el rendimiento agrícola con respecto a las variables fisiológicas contenido relativo de agua y déficit de saturación hídrica en las hojas. Sin embargo, Gómez y col. (1989), al estudiar dos cultivares comerciales de respuesta extrema a la sequía agrícola C87-51 (susceptible) y Ja60-5 (tolerante) concluyeron que el contenido relativo de agua y el déficit de saturación hídrica eran indicadores eficientes en la evaluación de la resistencia a la sequía agrícola.

Los resultados obtenidos sobre relaciones positivas y altas del rendimiento agrícola y las variables morfofisiológicas pueden utilizarse en la modelación del rendimiento cañero para nuevos genotipos en un amplio rango de ambientes con limitaciones por sequía agrícola, de esta forma se hace más eficiente el proceso de selección.

En este sentido, Maurice y col. (2010) en un estudio en árboles de Eucalipto, para la determinación y predicción de la densidad total de raíces finas (<1 mm), encontraron una relación directa del número de raíces finas, la longitud específica de estas raíces y el índice del área foliar.

Los autores antes mencionados acotaron que el índice del área foliar es altamente sensible a las condiciones de crecimiento del cultivo y ayuda a modelar las relaciones entre la longitud y el número de raíces presentes en el suelo para un amplio rango de ambientes. Finalmente, Maurice y col. (2010) subrayan que esta relación puede deberse a la influencia biofísica el índice del área foliar sobre la longitud y penetración de las raíces.

El análisis discriminante realizado por los grupos de tolerancia al estrés por déficit hídrico indicó que la densidad de raíces finas de 0-40 cm, volumen del tallo, área foliar de la hoja +5 e índice del área foliar, entraron en el modelo que explica su asociación y por tanto pueden constituir indicadores de la respuesta de los cultivares a la tolerancia a la sequía agrícola (Cuadro 14). Estos resultados fueron avalados por los estadígrafos Wilks Lambda y F de este análisis.

El porcentaje de buena clasificación alcanzado en el análisis discriminante (91,1%) confirmó la importancia de las variables que entraron en el modelo. García (2004), en un estudio de 16 cultivares en la provincia Cienfuegos, utilizó con éxito el ancho del limbo e índice de área foliar en un modelo de predicción de la tolerancia de nuevos genotipos a la sequía agrícola, además del contenido relativo de agua y déficit de saturación hídrica. Sin embargo, estos dos últimos indicadores no entraron en el modelo de presente estudio.

Cuadro 14. Resultados del análisis discriminante con los grupos de rendimiento agrícola observado

Variable	Wilks Lambda	Parcial	F	p
Densidad de raíces finas (0-40cm)	0,15	0,74	14,68	p<0,05
Volumen del tallo	0,19	0,60	27,90	p<0,05
Área Foliar de la hoja +5	0,14	0,83	8,73	p<0,05
Índice de área foliar	0,24	0,47	47,28	p<0,05
MATRIZ DE CLASIFICACIÓN				
Filas: Clasificación previa (observada)				
Columnas: Clasificación según análisis				
Grupo	Clasificados correctamente	G1	G2	G3
Grupo 1 (G1)	92,5	25	2	0
Grupo 2 (G2)	91,1	4	41	0
Grupo 3 (G3)	88,8	0	2	16
Total	91,1	29	45	16
Coeficiente estandarizado				
Variable			Raíz 1	Raíz 2
Densidad de raíces finas (0-40cm)			0,50	-0,57
Volumen del tallo			0,69	0,46
Área Foliar de la hoja +5			-0,04	0,83
Índice de área foliar			0,91	-0,95
Valor			4,35	0,66
%			87	100

Con los resultados del análisis discriminante se obtuvo un árbol clasificación para el uso de los caracteres morfofisiológios en la predicción de la tolerancia al estrés por déficit hídrico (Figura 19). El propósito de este diagrama es clasificar de manera preliminar los genotipos de caña de azúcar por su tolerancia al estrés por déficit hídrico. De este modo, al evaluar las variables predictoras volumen del tallo, área foliar de la hoja +5, índice del área foliar y densidad del número de raíces finas de 0 a

40 cm en nuevos genotipos de caña de azúcar se conocería su posible tolerancia a la sequía agrícola y se seleccionarían para ser estudiados en ensayos multi-ambientales con un mayor nivel de seguridad.

Mediante la elaboración de un programa informático con el algoritmo del árbol de clasificación se facilita su aplicación práctica. Este tipo de algoritmo no tiene antecedentes en el cultivo de la caña de azúcar en Cuba, al combinar variables morfofisiológicas de la parte aérea de la planta con variables del sistema radical por lo que constituye un resultado novedoso.

El resultado anterior representa una herramienta valiosa para el trabajo del mejorador debido a que no sería necesario disponer de una red de sitos con varios niveles de estrés ambiental para discriminar los genotipos tolerantes ni estudiarlos por tanto tiempo. De este modo, se simplifica el trabajo de selección y se llevarían solo a estudio multiambientales aquellos genotipos que por su anatomía y fisiología potencialmente pueden dar una respuesta positiva al estrés y los otros cultivares que resulten no tolerantes se llevarían solo a las localidades sin estrés para otro objetivo de mejora.

La aplicación práctica del algoritmo de clasificación sería recomendable emplearla al finalizar la segunda propagación clonal y antes de la plantación de los estudios multi-ambientales en el esquema de selección del Programa de Mejora de la caña de azúcar en la región de oriente-sur.

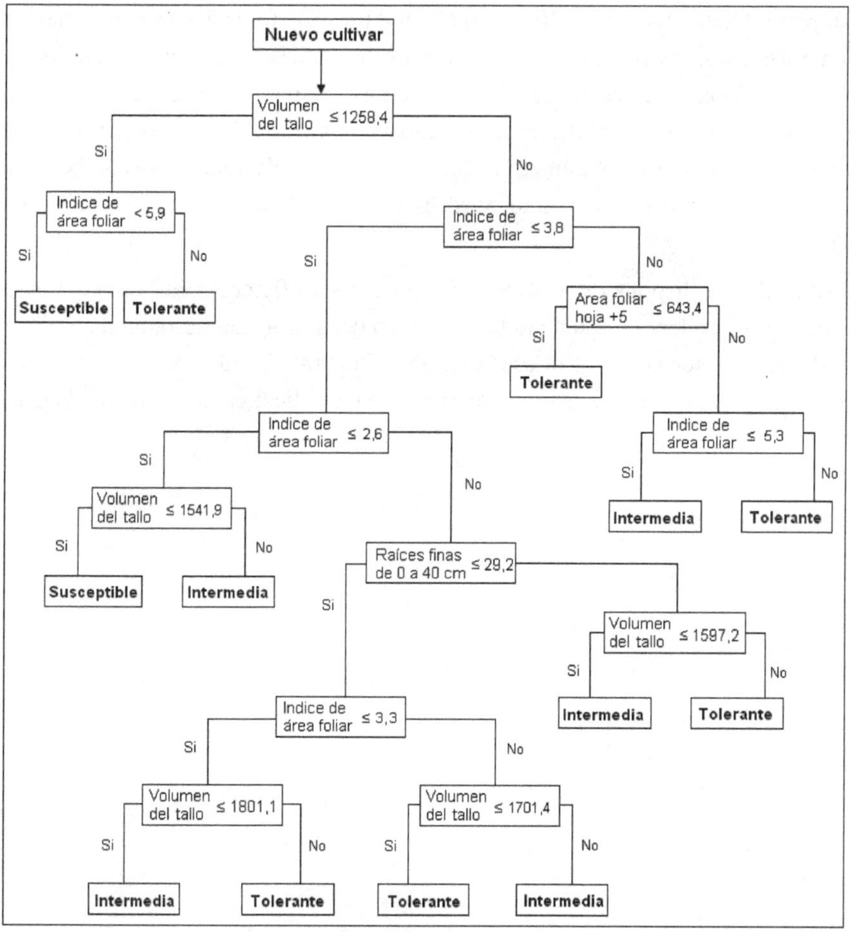

Densidad de raíces finas de 0 a 40cm (No.de raíces. dm^3); Volumen del tallo (cm^3); Área foliar de la hoja +5 (cm^2); Índice de área foliar ($m^2.m^{-2}$)

Figura 19. Árbol de clasificación para el uso de los caracteres morfofisiológios en la predicción de la tolerancia a la sequía agrícola

Battaglia y col. (2004) y Medlyn y col. (2007) han trabajado en el desarrollo de modelos sobre procesos básicos de las plantas para predecir el rendimiento, el uso del agua y la eficiencia en la asimilación de los nutrientes. Sin embargo, Maurice y col. (2010) señalan que estos mecanismos ecofisiológicos son simulados con una gran complejidad tanto de las partes aéreas de las plantas como de las raíces.

Por su parte, Nadichao y col. (2011) señala que trabajos futuros deberán encaminarse en combinar estudios de las características de las raíces y el aprovechamiento del agua en el suelo con caracteres fisiológicos como transpiración regular, índice de área foliar y característica de los estomas. Sin embargo, los modelos de absorción del agua en el suelo requieren de parámetros que son difíciles de medir en condiciones de campo como las raíces y por tanto poco usados en estudios agrícolas (Deery y col. 2009).

No obstante, si se dispone de metodologías sencillas y eficientes en las mediciones de las variables a emplear en estos modelos pueden constituir una herramienta valiosa en los trabajos de selección. En ese sentido, Chopart (2008) ha desarrollado una metodología práctica para la estimación del sistema radical en el cultivo de la caña de azúcar.

5. CONCLUSIONES

1. Las variables densidad de raíces finas de 0 a 40 cm de profundidad de suelo, volumen del tallo, área foliar de la hoja +5 e índice de área foliar resultaron adecuadas para predecir la tolerancia de los genotipos al estrés por déficit hídrico. Se obtuvo un algoritmo a partir de estas variables que permite clasificar la tolerancia de los mismos para este tipo de estrés ambiental y de esta forma hacer más eficiente el Programa de Mejora Genética.
2. Para la etapa final del Programa de Mejora Genética de la caña de azúcar de la región sur del oriente de Cuba, un solo sitio de prueba limita el proceso de selección de cultivares tolerantes al estrés por déficit hídrico, al no ser representativa de los ambientes de destino, lo que sugiere sea ampliada.
3. La evaluación de los sitios candidatos a la red multiambiental, permitió hacer una propuesta de una nueva red más representativa en dos variantes de cinco (América Libre, Julio A. Mella, Enidio Díaz, Manuel Tames y Paquito Rosales) y tres localidades (América Libre, Julio A. Mella y Enidio Díaz) respectivamente, en dependencia de los recursos disponibles; dado fundamentalmente por la variabilidad entre las mismas de las variables climáticas, hidrofísicas y químicas del suelo.
4. El uso de cultivares tolerantes resultó factible en la respuesta al estrés por déficit hídrico, entre los cuáles se identificaron:
   - C88-380, C86-156 y C86-12 de amplia adaptabilidad
   - C128-83 y C87-632 adaptabilidad específica a Paquito Rosales y América Libre
   - C90-530, C86-531 y C89-559 adaptabilidad específica a Enidio Díaz y Manuel Tames
   - C89-250 y C90-317 adaptabilidad específica a Julio Antonio Mella
5. El predominio del efecto ambiental y el de la interacción genotipo-ambiente sobre el de los genotipos, justifican la búsqueda de cultivares de adaptación específica a través del uso de una red multiambiental representativa.

6. RECOMENDACIONES

- Extender como prueba el algoritmo de clasificación de nuevos genotipos de caña de azúcar para la predicción de la tolerancia al estrés por déficit hídrico en la etapa final del Programa de Mejora Genética por medio de las variables densidad de raíces finas de 0 a 40 cm de profundidad de suelo, volumen del tallo, área foliar de la hoja +5 e índice de área foliar.
- Ampliar red multiambiental de sitios de prueba en dos variantes de acuerdo a la disponibilidad de recursos:

  Variante I: América Libre (Localidad patrón sin estrés), Julio Antonio Mella, Enidio Díaz, Manuel Tames y Paquito Rosales.

  Variante II: América Libre (Localidad patrón sin estrés), Julio Antonio Mella y Enidio Díaz.
- Incorporar en el proyecto de variedades de la zona sur del oriente de Cuba a los siguientes cultivares:

  C88-380, C86-156 y C86-12 sin restricciones por su amplia adaptabilidad

  C128-83 y C87-632 solo en Paquito Rosales y América Libre

  C90-530, C86-531 y C89-559 solo en Enidio Díaz y Manuel Tames

  C89-250 y C90-317 específicamente para Julio Antonio Mella

7. REFERENCIAS BIBLIOGRÁFICAS

1. Abrantes, R.I. 1986. Caracterización de poblaciones de caña de azúcar en las primeras etapas de selección. Tesis en opción al grado científico de Doctor en Ciencias Agrícolas. Matanzas, Cuba, Ministerio de Educación Superior, Universidad Agraria de la Habana. 95 p.
2. Alejos, G.; Monasterio, P.; Rea, R. 2006. Análisis de la interacción genotipo-ambiente para rendimiento de maíz en la región maicera del estado Yaracuy, Venezuela. Agronomía Trop. 56(3): 369-384.
3. Altieri, M. A. y Nicholls, C.I. 2000. Agroecología. Teoría y Práctica para una agricultura Sustentable. Serie de textos Básicos para la formación ambiental. México DF, PNUMA. 250 p.
4. Alvarez, I.A.; Camargo, P.R.; Stolf Nogueira, M.C. 2000. Crescimento de raízes de cana crua e queimada em dois ciclos. Scientia Agricola 57(4): 653-659.
5. Andérez, V.M.; Avila, R. y Martínez, M. 1992. La diversidad genética de la caña de azúcar. 46 Congreso de la ATAC. La Habana, 5 p. Anderson, R.L. and Bancroft, L. 1952. Statistical theory in research. New York, Mc Graw-Hill Book, Co. 399 p.
6. Annicchiarico, P. 2002. Genotype x environment interactions. Challenges and opportunities for plant breeding and cultivar recommendations. Italy, FAO Plant production and protection paper. 174. p.2-4.
7. Arrandeau M. A. 1989. Breeding strategic for drought resistance. In Drought Resistance in Cereals. Edited by F. W. G. Baker. Published for ICSU press by C. A. B. International. p.107-116.
8. Asfaw, A.; Alemayehu, F.; Gurum, F. and Atnaf, M. 2009. AMMI and SREG GGE biplot analysis for matching varieties onto soybean production environments in Ethiopia. Scientific Research and Essay 4(11): 1322-1330.
9. Astier, M. y Hollands, J. 2007. La evaluación de la sustentabilidad de experiencias agroecológicas en Latinoamérica. Sustentabilidad y campesinado. Seis experiencias agroecológicas en Latinoamérica. 2 Ed. México, Grupo interdisciplinario de tecnología Rural Apropiada. p 1-4. ISBN: 968-7462-51-5.
10. Atlin, G.N., and Frey, K.J. 1990. Selecting oat lines for yield in low-productivity environments. Crop Sci 30: 556–561.
11. Atlin, G.N., y Lafitte, H.R. 2002. Marker-assisted breeding versusdirect selection for drought tolerance in rice. In N.P. Saxena and J.C. O'Toole (ed.) Field screening for drought tolerance in crop plants with emphasis on

rice. Proc. Int. Workshop on Field Screening for Drought Tolerance in Rice, Patancheru, India. 11–14 Dec 2000. New York, ICRISAT, Patancheru, India, and The Rockefeller Foundation. 208 p.

12. Ball-Coelho, B.; Sampaio, E.V.; Tiessen, H.; Stewart, J. 1992. Root dynamic in plant ratoon crops of sugar cane. Plant and Soil 142: 297-305.
13. Barquié, O.; Lorenzo, R.; Cervera, G.; Hernández, I. y Gamez, H. 1997. Comportamiento del enrollado de la hoja, recuperación hídrica y contenido relativo de agua en un grupo de variedades de caña de azúcar. Innovación Tecnológica 3(4). [Consultado 20 de mayo de 2009] Disponible en: http://www.bibliociencias.cu/gsdl/collect/revistas/index/assoc/HASH01fc/7bbd-fee5.dir/doc.pdf.
14. Battaglia, M.; Sands, P.; White, D.; and Mummery, D. 2004. CABALA: A linked carbon, water and nitrogen model of forest growth for silvicultural decision support. For Ecol Manag 193: 251-282
15. Babu, R.C., Nguyen, B.D.; Chamarerk, V.P; Shanmugasundaram, P.; Chezhian, P.; Jeyaprakash, S.K.; Ganesh, A.; Palchamy, S.; Sadasivam, S.; Sarkarung, S.; Wade, L.J.; and Nguyen, H.T. 2003. Genetic analysis of drought resistance in rice by molecular markers. Crop Sci. 43: 1457–1469.
16. Battaglia, M.; Sands, P.; White, D. and Mummery, D. 2004. CABALA: a linked carbon, water and nitrogen model of forest growth for silvicultural decision support. For Ecol Manag 193: 251–282.
17. Becker, W.A. 1984. Manual of quantitative genetics. 4th ed. Pullman, Academic Enterprises". 100 p.
18. Becker, H.C. & Léon, J. 1988. Stability analysis in plant breeding. Plant Breed 101: 1-23.
19. Benítez, Ledias; Villegas, R.; Balmaceda, C.; Ponce de León, D.; Marín, R.; Machado, I.; Segrega, S.; Viñas, Y.; Crespo, R.; Bouzo, L.; Cortegaza, P.; Pérez, H.; y De León, M. 2007. Evaluación de la aptitud física de las tierras dedicadas al cultivo de la caña de azúcar, base para la diversificación de la agroindustria azucarera cubana. Rev. Cuba & Caña 2: 3-9.
20. Bernal, N. A. 1986. Clasificación de ambientes en las provincias de Holguín, Las Tunas y Granma en los estudios de regionalización de variedades de caña de azúcar. Tesis en opción al grado de Doctor en Ciencias Agrícolas. Holguín, Cuba, Ministerio de Educación Superior, Universidad Agraria de la Habana.106 p.
21. Bernal, N.; Morales, F.; Gálvez, G. e Jorge, I. 1997. Variedades de Caña de Azúcar. Uso y Manejo. La Habana, Publicaciones IMAGO, INICA. 101 p.

22. Bernier, J.; Kumar, A.; Venuprasad R.; Spaner, D. and Atlin, G. 2007. A large-effect QTL for grain yield under reproductive-stage drought stress in upland rice. Crop Sci. 47: 507–518.
23. Bilbro, J.D. y Ray L.L. 1976. Environment stability and adaptation of several cotton cultivars. Crop Sci. 16: 821-829.
24. Blanche, S.B. and Myers, G.O. 2006. Identifying discriminating locations for cultivar selection in Louisiana. Crop Sci. 46: 946–949.
25. Botkin, D. 2007. Forecasting the Effects of Global Warning on Biodiversity. BioScience, 57(3): 227-236.
26. Böhm, W. 1979. Methods of studying root systems. Berlin, Springer Verlag. 188 p.
27. Brancourt-Hulmel, M. y Lecomte C. 2003. Effect of Environmental Variates on Genotype _ Environment Interaction of Winter Wheat: A Comparison of Biadditive Factorial Regression to AMMI. Crop Sci. 43: 608–617.
28. Cao, K.F. 2000. Walter relations and gas exchange of tropical saplings during a prolonged drought in a Bornean heath forest, with reference to root architecture. J. Trop Ecol 16: 101-116.
29. Campbell B.T. and Jones M.A. 2005. Assessment of genotype × environment interactions for yield and fiber quality in cotton performance trials. Euphytica 144: 69–78.
30. Campo, R.; Mayra Guerra; F. Cuadra; Norma Hervis y J. Freeman. 1998. Variedades energéticas de caña de azúcar; una solución a la biomasa del presente y del futuro, Cuba & Caña 1: 10-13.
31. Carvalho, M.; Chopart, J.L.and Conti Medina, C. 2011. Sugarcane root length density and distribution from root intersection counting on a trench-profile. Sci. Agric. (Piracicaba, Brazil.), 68(1):94-101.
32. Carbonell, J.; Amaya, A.; Ortiz, B.V.; Torres, J.S.; Quintero, R. e Isaacs, C.H. 2001. Zonificación agroecológica para el cultivo de caña de azúcar en el valle del río Cauca. Tercera aproximación. Cali, Centro de Investigación de la Caña de Azúcar de Colombia. 10 p.
33. Casanoves, F., Baldessari, J. and Balzarini, M. 2005. Evaluation of multienvironment trials of peanut cultivars. Crop Sci. 45: 18–26.
34. Castro, S.; Bernal, N.; y Freeman, J. 1990. Clasificación de ambientes en caña de azúcar. Análisis factorial y componentes principales en etapas intermedias. Centro Azúcar 3: 32-34
35. Castro, S. 1991. Evaluación de ambientes y genotipos de caña de azúcar en la provincia Holguín. Tesis en opción al grado de Doctor en Ciencias

Agrícolas. Holguín, Cuba. Ministerio de Educación Superior. Universidad Agraria de la Habana. 94 p.

36. Castro, F. 2002. Un ambicioso y grandioso programa de superación de los trabajadores azucareros. Tabloide especial No 24. 8 p.
37. Castro, F. 2008. Un tema para meditar. Reflexiones del compañero Fidel. Granma, CU, octubre 3: 2.
38. Castro, R. 2011. Continuaremos haciendo realidad todo lo acordado. Granma (CU), diciembre 2:2.
39. Centella, A.; Lapinel, B.; Solano, O.; Vázquez R.; Fonseca, C.; Cutié, V.; Báez, R.; González, S.; Sille, J.; Rosario, P.y Duarte, L. 2006. La sequía meteorológica y agrícola en Cuba y la República Dominicana. La Habana, 174 p.
40. Chavanne, E.; Ostengo, S.; García M. y Cuenya M. 2007. Evaluación del comportamiento productivo de cultivares de caña de azúcar (Saccharum spp.) a través de diferentes ambientes en Tucumán, aplicando la técnica estadística "GGE biplot". Rev. Ind. y Agríc. de Tucumán 84(2): 19-24.
41. Cheng, Y.; Weng, J.; Joshi, CP. and Nguyen, HT. 1993. Dehydration stress-induced changes in translatable RNAs in sorghum. Crop Sci. 33: 1397–1400.
42. Chen, H.H.; Shen, Z.Y. and Li, P.H. 1982. Adaptability of crop plants to high temperature stress. Crop Science 22: 719-725.
43. Chopart, J.L.; Rosa, S.R.; Carvalho de Azevedo, M. and Medina, C. 2008. Estimating sugarcane root length density through root mapping and orientation modelling. Plant Soil. 313: 101-112.
44. Chopart, J.L.; Le Mézo, L.; Brossier J.L. 2009. RACINE2: A software application for processing spatial distribution of root length density from root intersections on trench profiles. International symposium and applications. Root RAP, 2-4 September, Boku-Viena, Austria.
45. Chopart, J.L.; Azevedo, M.C.B. 2010. Functional relationship between sugarcane root biomass and length for cropping system applications. Sugar Tech 12(3-4): 317-321.
46. Clark, L.J.; Whalley, W.R.; and Barraclough, P.B. 2003. How do roots penetrate strong soil? Plant and Soil 255: 93–104.
47. Clarker, J. M. 1996. Efecto del enrollamiento de la hoja sobre la pérdida de agua en Triticum sp. Can J. Plant Science 66: 885-890.
48. Cochran, W.G. y Cox, G.M. 1965. Diseños experimentales. 4ta re-impresión. México, D.F. Edit. F. Trillas. 661 p.

49. Collaku, A.; Harrison S.; Finney, P.; and Van Sanford D. 2002. Clustering of Environments of Southern Soft Red Winter Wheat Region for Milling and Baking Quality Attributes. Crop Sci. 42: 58–63
50. Cornide, M.T; Lima, H.; Gálvez, G. y Sigarroa, A. 1985. Resistencia Genética. Parte II. Resistencia a otros factores adversos. En: Genética Vegetal y Fitomejoramiento. La Habana, Editorial Científico Técnica. 445 p.
51. Crossa, J. 1990. Statistical analyses of multilocation trials. Adv. Agron. 44: 55–85.
52. Crossa, J.; Cornelius, P. and Yan, W. 2002. Biplots of Linear-Bilinear Models for Studying Crossover Genotype-Environment Interaction. Crop Sci. 42: 619–633.
53. Cruz, R.; Peña, L.; Yaquelín C.; Argota, A. y Bending B. 2000. Perspectiva del mejoramiento genético de la caña de azúcar para condiciones de estrés hidrosalino en la provincia de Holguín. Resúmenes Jornada Científica 15 años EPICA Santiago de Cuba. 7 p.
54. Cruz, R. 2000. Obtención de variedades de caña de azúcar tolerantes a diferentes condiciones de estrés ambiental. Proyecto de investigación CITMA - INICA. La Habana, 30 p.
55. Cruz, R. 2001. Obtención de variedades de caña de azúcar tolerantes a diferentes condiciones de estrés ambiental. Proyecto CITMA. INICA. La Habana, 8 p.
56. Cruz, C.D.; Torres, R.A.; Vencovsky, R. 1989. Na alternative approach to the stability analysis proposed by Silva and Barreto. Revista Brasileira de Genética 12: 567-580.
57. Cuéllar, A. I.; Villegas, D.; De Leon, O.; Pérez, I. 2002. Manual de fertilización de la caña de azúcar en Cuba. La Habana. Ed. Publinica. IBCN; 1234567834. 13 p.
58. Da Matta, F.M. 2004. Exploring drought tolerance in coffee: a physiological approach with some insights for plant breeding, Braz, J. Plant Physiol 16(1): 1-6.
59. De Armas R.; Ortega, E. y Rosa R. 1988. Régimen Hídrico en Fisiología Vegetal. La Habana, Ed. Pueblo y Educacion. 325 p.
60. De Prada, F. 1997. Estudio y utilización de los recursos genéticos de la caña de azúcar (Saccharum spp.). Tesis (en opción del grado científico de Doctor en Ciencias Agrícolas). La Habana, Cuba, Ministerio de Educación Superior, Universidad Agraria de la Habana. 106 p.
61. Diez, L.; Ferrer M. y Gómez L. 1987. Estudio preliminar de la densidad estomática en diferentes secciones de la lámina foliar en relación con la

resistencia a la sequía. Resúmenes I Encuentro Investigación – Producción en la agricultura cañera. La Habana. INICA. 258 p.

62. Dillewijn, V. 1975. Botánica de la Caña de Azúcar. Edición revolucionaria. La Habana, Inst. del libro. 139 p.
63. Ding, M.; Tier, B. and Yan, W. 2009. Application of GGE biplot analysis to evaluate Genotype (G), Environment (E) and GxE interaction on P. radiata: a case study. 05 Jul. 2009. [Consultado 14, junio, 2010] Disponible en: http://www.cdesign.-com.au/proceedings_afgc2007/papers%20(pdf)/thurs%20ding.pdf
64. Ebdon, J. and Gauch H. 2002. Additive Main Effect and Multiplicative Interaction Analysis of National Turfgrass Performance Trials: I. Interpretation of Genotype-Environment Interaction. Crop Sci. 42: 489–496.
65. Eberhart, S.A. and Russell, W.A. 1966 Stability parameters for comparing varieties. Crop Science 6(1): 36-40.
66. Edme, S.J., Miller, J.D., Graz, B., Tai, P.Y.P. and Comstock, J.C. 2005. Genetic contribution to yield gains in the Florida sugarcane industry across 33 years. Crop Sci. 45: 92-97.
67. Ehdaire, B.; Whitkus, R.W. and Wains, J.G, 2003. Root biomass, water use efficiency and performance of wheat-rye traslocations of chromosomes 1 and 2 in spring bread wheat "Pavo bread whea". Crop. Sci. 43: 710-717.
68. Errabii, T.; Bernard, C.;Essalmani, H.; Abrini, J.; Idaomar, M.; and Skali, N. 2006. Growth, proline and ion accumulation in sugarcane callus cultures under drought-induced osmotic stress and its subsequent relief. African Journal of Biotechnology 5(16): 1488-1493.
69. Estevez, A.; Álvarez, M. y González, M.E. 1988. Aplicación del análisis multivariado en la clasificación de variedades de papa (Solanum tuberosum Lo. Cultivos Tropicales 10(4): 68-73.
70. Estévez, A.; González, M.; Hernández, M.; Torres, W.; Jerez, E.; Hernández, A.; Moreno, I. y Sam, O. 1994. Principales resultados obtenidos en el desarrollo de la papa en condiciones de estrés de calor y humedad en Cuba. Cultivos Tropicales 15(2): 93-98.
71. Falconer, D.S. 1970. Introducción a la Genética Cuantitativa. México, CECSA. p. 225-283.
72. FAO. 1993. Agro-ecological assessment for national planning: the example of Kenya. FAO Soils Bulletin N° 67. Rome, Italy. Also nine technical annexes issued as World Soil Resources Reports 71/1 -71/9.

73. FAO (Organización de las Naciones Unidas para la Agricultura y la Alimentación). 2008. Evapotranspiración del cultivo. Guías para la determinación de los requerimientos de agua de los cultivos. España. ISBN 92-5-304219-2. 56. 297 p.

74. FAOSTAT. 2008. [Consultado 20, mayo, 2009]. Disponible en: http://faostat.fao.org/default.aspx.

75. Fan, X.-M., Kang, M.S.; Chen, H.; Zhang, Y.; Tan, J.; and Xu, C. 2007. Yield stability of maize hybrids evaluated in multienvironment trials in Yunnan, China. Agron. J. 99: 220–228.

76. Ferrer, M.; Gómez, L. y Blinzniuk, V.P. 1987. Posibilidades de la resistencia eléctrica como método de diagnóstico de resistencia al estrés en caña de azúcar. Resúmenes I Encuentro Investigación – Producción. INICA. La Habana, 255 p.

77. Ferrer, M.; Sánchez, E.; Viqueira, L.; Gómez, L. y San Juan, Z. 2000. Diez años de estudios fisiológicos de régimen hídrico en caña de azúcar. Resúmenes XII Seminario Científico INCA. La Habana.

78. Finlay, K.W. and Wilkinson, G.N. 1963. The analysis of adaptation in a Plant-Breeding Programme. Australian Journal of Agricultural Research, 14(5): 742-754.

79. Fonseca, J. y García, S. 1987. Necesidades de agua de la caña de azúcar para diferentes épocas de plantación y corte en el occidente de Cuba. Resúmenes I Encuentro Investigación – Producción en la agricultura cañera. INICA. La Habana 221p.

80. Fox. P.N.; Crossa, J. and Romagosa, I. 1997. Multi-environment testing and genotype_environment interaction. In: KEMPTON, R.A.; FOX, P.N. (Ed.). Statistical methods for plant variety evaluation. New York, Chapman and Hall, cap.8. p 117-138.

81. Frisvold, G., Sullivan, J. and Raneses, A. 1999. Who gains from genetic improvements in U.S. crops. AgBioForum 2: 237-246.

82. Gálvez, G. 1978. Estudio de la interacción g x e y métodos de estabilidad en experimentos de variedades de caña de azúcar (Saccharum spp híbrido). Tesis en opción al grado de Doctor en Ciencias Agrícolas. La Habana, Cuba. Ministerio de Educación Superior. Universidad Agraria de la Habana. 76 p.

83. Gálvez, G.; Domini, M.G.; Calaha, J.M.; y C. De la Fé. 1983. Estudio de la repetibilidad del parámetro de estabilidad en el rendimiento y calidad del jugo de la caña de azúcar (S. spp. Hib.) XVIII Cong. ISSCT. 1: p161-172.

84. Gálvez, G. 2010. Interacción genotipo-ambiente en el mejoramiento de plantas en la era de genómica. ¿Dónde estamos?. Rev. Cuba & Caña 1: 57-67.

85. Gálvez, G. y Jackson, P. 2010. La interacción genotipo-ambiente en caña de azúcar. Casos de estudio: Cuba y Australia. XVII Congreso Internacional del INCA. La Habana. Cuba.

86. García, A. y González, M. 1997. Marcador morfológico para la selección temprana de variedades de arroz tolerantes a la sequía. Cultivos Tropicales 18(2): 47-50.

87. García, S.; Pérez, J.; Romero, R.; Ricondo, P.; García E. y Lorente R. 2003. Resultados de la extensión del riego por goteo subterráneo en productores cañeros de altos rendimientos. Rev. ATAC 2: 20-25.

88. García, H. 2004. Optimización del proceso de selección de variedades de caña de azúcar tolerantes al estrés por sequía y mal drenaje en la región central de Cuba. Tesis en opción al grado Científico de Doctor en Ciencias Agrícolas. La Habana, Cuba. Ministerio de Educación Superior, Universidad Agraria de la Habana. 95 p.

89. García, H. 2007. Fitomejoramiento Participativo en caña de azúcar, complementación necesaria de la mejora convencional. Propuesta de Proyecto de Investigación. La Habana, ETICA Villa Clara – Cienfuegos. INICA. Ministerio del Azúcar, 30 p.

90. García, M. y Medina, E. 2003. Crecimiento y acumulación de prolina en dos genotipos de caña de azúcar sometidos a salinización con cloruro de sodio. Rev. Facultad. Agronomía 20(2). [Consultado 20, mayo, 2009]. Disponible en:
http://www.ceniap.gov.ve/pbd/RevistasCientificas/canadeazucar/cana1102/texto/determinacion.htm

91. Gauch, H.G. 1988. Model selection and validation for yield trials with interaction. Biometrics 44: 705-715.

92. Gauch, H.G., and Zobel, R.W. 1996. AMMI analysis of yield trials. In Genotype-by-Environment Interaction, editors M.S. Kang and H.G. Gauch, CRC Press, Boca Raton, Florida, 222: 85 p.

93. Gauch, H.G. 2006. Statistical Analysis of Yield Trials by AMMI and GGE. Crop Sci. 46: 1488–1500.

94. Gauch, H.G. 2007. MATMODEL Version 3.0: Open source software for AMMI and related analyses. Crop and Soil Sciences, Cornell University, Ithaca, NY 14853.

95. Gauch, H. G., Hans-Peter, P.; and Annicchiarico, P. 2008. Statistical Analysis of Yield Trials by AMMI and GGE: Further Considerations. Crop Sci. 48: 866–889.
96. Ghannoum, O. 2009. C4 photosynthesis and water stress. Annals of Botany 103: 635–644.
97. Glaz, B. and Kang, S. M. 2008. Location Contributions Determined via GGE Biplot Analysis of Multienvironment Sugarcane Genotype-Performance Trials. Crop Sci. 48: 941-950.
98. Gliessman, S. R. 2002. Agroecología. Procesos ecológicos en agricultura sostenible. Turrialba, Costa Rica, CATIE. 359 p.
99. Gilbert, R. A., Shine J. M., Miller J. D., Rice R. W. and Rainbolt C. R. 2006. The effect of genotype, environment and time of harvest on sugarcane yields in Florida, USA. Field Crops Research 95: 156-170.
100. Gómez, L.; Viqueira, Lilliam y Rodríguez, C.R. 1981a. Estudio de la tolerancia a la sequía de la caña de azúcar. Memoria 43 Conferencia ATAC, La Habana, p.113-131.
101. Gómez, L.; Viqueira, L. y Rodríguez, C.R. 1981b. Relación entre la tolerancia a la sequía y a las altas temperaturas en la caña de azúcar. Ciencias de la Agricultura 10: 17-21.
102. Gómez, L.; Milanés, N.; Pardo, F.; Ramírez, M. y Gutiérrez, R. 1986. Estimación de la resistencia a la sequía de 19 variedades de caña de azúcar. Rev. INICA 1: 71-79.
103. Gómez, Lourdes; Menéndez, A.; Pardo, F. y Quintana, J. 1989. Estudio de la retención de agua de diferentes hojas de 2 variedades de caña de azúcar. (Manuscrito). INICA La Habana. 12 p.
104. Gómez, L.; Ferrer, M. y San Juan, Z. 1990. La pérdida de agua de las hojas de la caña de azúcar como criterio de su resistencia a la sequía. Resúmenes Tercera Jornada Científica del CNCA. Ministerio del Azúcar. La Habana, p. 43.
105. González, R. y Cruz, Caridad. 1987. Requerimientos de riego de la caña de azúcar en suelos Ferralíticos rojos. Resúmenes I Encuentro Investigación – Producción en la agricultura cañera. INICA. La Habana, p. 234.
106. González, A. 1995. Caracterización del efecto ambiental en estudios de regionalización de variedades de caña de azúcar en la provincia Las Tunas. Tesis en opción al grado de Doctor en Ciencias Agrícolas. Las Tunas, Cuba. Ministerio de Educación Superior, Universidad Agraria de la Habana. 120 p.

107. González, R.M.; Tomeu A; Jorge, H.; Santana, I. y Vega, A. 2001. La producción de variedades de caña de azúcar. Retos para el presente milenio. En: Contribución al conocimiento y manejo de las variedades de caña de azúcar. Curso de capacitación UASTEC. La Habana, INICA. 75 p.

108. González, L. M.; Argentel, L.; Estrada, A.; Saldivar, N. y Ramírez, R. 2005. Evaluación de la tolerancia a la sequía en genotipos de trigo (*Tritium* aestiwum L.) obtenido en Cuba por inducción de mutantes. Rev. Cultivos Tropicales. 26(3): 65-69.

109. Gordon, M., R.; Camargo, B.; Franco B, y González S. 2006. Evaluación de la adaptabilidad y estabilidad de 14 híbridos de maíz, Azuero, Panamá. Agronomía Mesoamericana 17(2): 189-199.

110. Guirk, R.; Lagan, B.; Kerr, J. 2007. Australian Drought (en línea). [consultado 21, enero, 2008] Disponible en: (http://www.lilith-ezine.com/articles/-environmental/autralian-Drought .html).

111. Guntin, P. M. y Tejeda V. M. 2007. Un estudio para las condiciones edafoclimaticas en el norte de la provincia cubana de Las Tunas para el cálculo de las necesidades hídricas del cultivo de la caña de azúcar. Cuba&Cana 3: 12-19.

112. Hall, A.E. 1990. Breeding for Heat Tolerance an Approach Based on Wholw Plant Physiology. Hort Science 25: 17-18.

113. Hamdi, H. 2009. Bases para el establecimiento de un programa de mejora genética de la caña de azúcar para las condiciones de estrés ambiental de la provincia Khuzestán, Irán. Tesis en opción al grado de Doctor en Ciencias Agrícolas. La Habana, Cuba. Ministerio de Educación Superior, Universidad Agraria de la Habana. 98 p.

114. Hanson, W.D. 1994. Distance statistics and interpretation of Southern states regional soybean tests. Crop Sci. 34(6): 1498-1504.

115. Henckel, P. A. 1964. Physiology of plants under drought. Ann. Rev. Plant physiol 15: 363-386.

116. Hernández, A; Pérez, J.M; Bosch, D. y Rivero, L. 1999. Nueva Versión de Clasificación Genética de los Suelos de Cuba. La Habana. AGRINFOR, 64 p.

117. Hernández, E. y Amaya L. 2002. Respuesta de cuatro variedades de caña de azúcar (saccharum sp) a condiciones de sequía, mediante la determinación de la salida de electrolitos. Caña de Azúcar 20(2): 3-16. [Consultado 20, mayo, 2009] Disponible en:

http://www.ceniap.gov.ve/pbd/RevistasCientificas/-canadeazucar/cana2002/arti/hernandez_e.htm.

118. Hernández, I. A. 2007. Requerimientos hídricos para la caña de azúcar en las condiciones de bajo nivel pluviométrico. Cuba&Caña 1: 3-11.

119. Hsiao T. C. 1982. The soil-plant atmosphere continuum in relation to drought and crop production p 39-51 in Drought resistance in Crop with emphasis on rice. Los Baños Lagunas, Philippines, International Rice Research Institute. 324 p.

120. Hühn, M. 1979. Beitrage Zur Erfasang der phanotypisoher stabilitad. I. Vorschlag ciniger auf. Rang ginformationen beerunhenden stabilitats parameter. E D. V med. U. Biol. 10(4): 112-117.

121. Hogarth, D. M. 1976. News varieties lift sugar production. Producers Rev. 66(10): 21-22.

122. Hogarth, D.M. 1968. A review of quantitative genetics in plant breeding with particular reference to sugar cane. Journal of the Aust. J. Agric. Res. 22: 93-182.

123. Holland, J.; Bjornstad, A.; Frey K.; Gullord M.; and Wesenberg M. 2002. Recurrent selection for broad adaptation affects stability of oat. Euphytica 126: 265–274.

124. IAPSIT. 2009. International Association of Professional in Sugar and Integrated Technologies. Newsletter. 4(2): 2-3.

125. Ibañez, M. A.; Di Renzo, M. A.; Samame, S. Bonamico N. C., and Poverente M.M. 2001. Genotype–environment interaction of lovegrass forage yield in the semi-arid region of Argentina. Journal of Agricultural Science, Cambridge 137: 329–336.

126. INICA. 1990. Normas Metodológicas del Departamento de Suelos y Agroquímica. La Habana, Cuba, Ministerio del Azúcar. Tomo I. 96 p.

127. INICA-MINAZ. 2011. Reunión Nacional de Variedades, Semilla y Sanidad Vegetal. Sancti Spíritus, Ministerio del Azúcar.148 p.

128. Jongdee, B.; Fukai, S.; and Cooper. M. 2002. Leaf water potential and osmotic adjustment as physiological traits to improve drought tolerance in rice. Field Crop Res. 76: 153–163.

129. Jorge, H.; García, H.; Rodríguez, E. y Jiménez, N. 1989a. Asociación y repetibilidad en clones de caña de azúcar. Revista ATAC 6: 3-6.

130. Jorge, H.; H. García; E. Rodríguez y N. Jiménez. 1989b. Clasificación de las localidades en experimentos de variedades de caña de azúcar en la provincia de Cienfuegos. Revista ATAC 4: 28-36.

131. Jorge, H. 1996. Estudio genético de los componentes agroazucareros en las etapas clonales del esquema de selección partiendo de posturas aviveradas de caña de azúcar (Sccharum spp). Tesis en opción al grado científico de Doctor en Ciencias Agrícolas. Cienfuegos, Cuba, Ministerio de Educación Superior, Universidad Agraria de la Habana. 90 p.

132. Jorge, H.; García, H.; González, V.A.; Fernández, Z. y Díaz, R. 1996. Interacción Genotipo-Ambiente en variedades de caña de azúcar en Cienfuegos, Comparación de métodos para la estimación de la estabilidad. Rev. ATAC 1: 34-42.

133. Jorge, H.; García, H.; Ibis Jorge; Bernal, N.; Marrero, A.; Delgado, J.; Cabrera, L.; Delgado, I.; Díaz, M.; Vera, A.; Céspedez, A.; Ojeda, E.; Valladares, F.; Castro, S.; Cruz, R.; Peña, L.; Puchades, Y. y Rodríguez, R. 2010a. Red experiemental para el desarrollo de las investigaciones de la caña de azúcar en Cuba. ¿Necesarias? Rev. Cuba & Caña 2: 33-48.

134. Jorge, H.; Jorge, I. y Bernal, N. (Editores). 2010b. Catálogo. Nuevas Variedades de Caña de Azúcar. La Habana, Cuba. INICA. 100 p.

135. Jorge, H.; Suarez, O.; García, H.; Jorge, I. and Benitez, L. 2010c. Diversification of sugarcane varieties for cattle feed and sustainability. Proc. Int. Soc. Sugar Cane Technol. 27:

136. Jorge, H.; González, R.; Casas, M. y Jorge, I. 2011. Normas y Procedimientos del Programa de Mejoramiento Genético de la Caña de Azúcar en Cuba. La Habana, Cuba, PUBLINICA. 308 p.

137. Kang, M.S. 1998. Using genotype-by-environment interaction for crop cultivar development. Adv. Agron. 62: 199-252.

138. Kang, M.S.; Aggarwal, V.D. and Chirwa, R.M. 2005. Adaptability and stability of bean cultivars as determined via yield stability statistic and GGE Biplot analysis. J. Crop Improve. 15:97–120.

139. Kozhushko, N.N. 1982. Metodología para la determinación de la resistencia a la sequía de las gramíneas por la variación de los parámetros del régimen hídrico (capacidad hidrorredentora, capacidad de absorción de agua, déficit hídrico). Leningrado, Instituto Nacional de Investigación Científica sobre cultivo de plantas "I. Vavilov".20 p.

140. Lanceras, J., Pantuwan, G.; Jongdee, B.; and Toojinda, T. 2004. Quantitative trait loci associated with drought tolerance at reproductive stage in rice. Plant Physiol. 135: 384–399.

141. Landell, M.G.A.; Campana, M.P.; Figueiredo, P.; Vasconcelos, A.C.M.; Xavier, M.A.; Bidoia, M.A.; Prado, H.; Silva, M.A.; Dinardo-Miranda, L.L.;

Santos A.S.; Perecin D.; Rossetto, R.; Martin, A.L.; Gallo, P.B. y Souza, S.C. 2005. Variedades de cana-de-açúcar para o centro-sur do Brasil. 15ª Liberação do programa cana IAC (1995-2005). Campinas: Instituto Agronômico. 17p (Boletim Técnico; 197).

142. Lapinel, B.; Cutre, V. y Fonseca, C. 2010a. ¿Se humedecerá la sequía? Granma, Cu, junio 12: 8.
143. Lapinel, B. 2010b. Vigilia en tierra sedienta. Rev. Bohemia, Cu, 26 de febrero Año 102. No.5.
144. Lauer, J.; Coors, G. and Flannery, P.J. 2001. Forage yield and quality of corn cultivars developed in different eras. Crop Sci. 41: 1449-1455.
145. Lavoranti J. O. 2003. Estabilidade e adaptabilidade fenotípica atraves da reamostragem "bootstrap" no modelo AMMI. Tese apresentada a Escola Superior de Agricultura "Luiz de Queiroz", Universidade de São Paulo, para obtencao do título de Doctor em Agronomia. Área de Concentração: Estatística e Experimentação Agronômica. Piracicaba. 166 p.
146. Leyva, O. S.; Figueredo A. A.; Parra L.S. y Arcia T.B. 2000. Laboreo mínimo y desarrollo del sistema radical en caña de azúcar. Rev. ATAC 1: 44-47.
147. Levitt, J. 1980. Responses of plants to environmental stresses. New York, Academic Press. 10 p.
148. López, E. 1986. Influencia de algunos factores del ambiente sobre el rendimiento y aplicación de tres métodos de estabilidad en los estudios de regionalización de variedades de caña de azúcar en las provincias de Camagüey y Ciego de Avila. Tesis en opción al grado de doctor en Ciencias Agrícolas. Camagüey, Cuba. Ministerio de Educación Superior. Universidad Agraria de la Habana. 198 p.
149. Ma, B.L., W. Yan, L.M. Dwyer, J. Frégeau-Reid, H.D. Voldeng, Y. Dion, and H. Nass. 2004. Graphic analysis of genotype, environment, nitrogen fertilizer, and their interactions on spring wheat yield. Agron. J. 96: 169–188.
150. Martín, J.A. 2004. A comparison of statistical methods to describe genotype x environment interaction and yield stability in multi-location maize trials. Thesis for the degree Magister Scientiae Agriculture. Bloemfontein, South Africa, Faculty of Agriculture, Department of Plant Sciences at the University of the Free State 100 p.
151. Martínez, R.; Solis, A.; Cabrera, F. y Parra, R. 2000. Evaluación de líneas de tomate resistentes a escasa humedad. Resúmenes XII Seminario Científico INCA p.170.

152. Matta, F. M. 2004. Exploring drought tolerante in coffee: a physiological approach with some insights for plant breeding. Brazilan Journal of Plant Physiology, 16(1): 1-6.

153. Maurice, J.; Laclau, J-P.; Scorzoni R.; Moraes, J.; Nouvellon, Y.; Bouiller, J-P.; Stape, J.; Ranger, J.; Behling, M. and Chopart, J-L. 2010. Fine root isotropy in Eucalyptus grandis plantations. Towards the prediction of root length densities from root counts on trench walls. Plant Soil. 15 p..DOI 10.1007/s11104-010-0380-8.

154. Mayhew, P.; Gareth, B. and Timothy, G. 2007. A long-term association between global temperature and biodiversity, origination and extinction in the fossil record. Proceedings of the Royal Society B. 275. p.47. Royal Society Publishing.DOI10.1098/rspb.2007.1302(http://dx.doi.org/10.1098/rspb.2007.1302).

155. Medlyn, B.E.; Pepper, DA.; O'Grady, AP. and Keith, H. 2007. Linking leaf and tree water use with an individual-tree model. Tree Physiol 27: 1687–1699.

156. Medrano, H.; Chaves, M. M. and Porqueddin, C.; Carelda, S. 1998. Improving forage crops for semi-arid areas. Agriculture 27: 87-94.

157. Menossi, M.; Silva-Filho, C.; Vincentz, M.; Van-Sluys, M.; and Souza, G. 2008. Sugarcane Functional Genomics: Gene Discovery for Agronomic Trait Development. Hindawi Publishing Corporation. International Journal of Plant Genomics. 11p.

158. Michael, A.J.; Woodruff, R. and Hales, S. 2006. Climate change and human health: present and future risks. Lancet. 367(9513): 859-69. [Consulta 22 de febrero de 2009]. DOI 10.1016/S0140-6736(06)68079-3 Disponible en: http://dx.doi. org/10.1016/S0140-6736(06)68079-3).

159. Milanés, N.; Mesa, J. M. y Cabrera, A. 1986. Clasificación de ambientes y genotipos en la 3ra etapa del esquema de selección con el uso de variables de manejo, cosecha y edafoclimáticas. La Habana, Cuba. Boletín INICA. 2. p.6-9.

160. Miller, J. D.; and Gilbert, R. A. 2010. Sugarcane Botany: A Brief View. [consultado 20, mayo, 2010]. Disponible en: http://edis.ifas.ufl.edu/TOPIC_Sugarcane_Cultural_Practices

161. Milligan, S.B., Gravois, K.A., Bischoff, K.P. and Martin, F.A. 1990. Crop effects on broad-sense heritabilities and genetic variances of sugarcane yield components. Crop Sci. 30: 344–349.

162. MINAGRI, 1979. Instituto de Suelos. Clasificación Genética de los Suelos de Cuba. Academia. La Habana, 28p.

163. MINAZ, 2009. Estrategia para la producción de caña 2009-2013. Ministerio del Azúcar. La Habana, Cuba. 20 p.

164. Mojena, R.; Vega, D,; Meneses, S.; Robleda, D. y Ramírez J. 1990. Estudio de la resistencia de la sequía en variedades de caña de azúcar mediante indicadores bioquímicos y fisiológicos. Rev. ATAC 2: 40-51.

165. Narasimham, R. L. 1977. Soil physical and chemical factors affecting growth of the sugar cane roots. Boletín científico, Embajada de Cuba en Nueva Delhi, 111(4): 9-14.

166. Nayak, D.; Bose, L.; Singh, S.; and Nayak P. 2008. Additive Main Effects and Multiplicative Interaction Analysis of Host-Pathogen Relationship in Rice-Bacterial Blight Pathosystem. Plant Pathol. J. 24(3): 337-351.

167. Naveed, M.; Nadeem M.; Islam, N. 2007. AMMI analysis of some upland Cotton genotypes for yield stability in different milieus. World Journal of Agric. Sci. 3(1): 39-44.

168. Nodichao, L.; Chopart, J.L.; Roupsard, O.; Vauclin, M. and Ake, C. 2011. Genotypic variability of oil palm root system distribution in the field. Consequences for water uptake. Plant soil. 16 p.

169. Nogueira, F.; De Rosa, V.; Menossi, M.; Ulian, E. and Arruda, P. 2003. RNA Expression Profiles and Data Mining of Sugarcane Response to Low Temperature. Plant Physiology, 132: 1811–1824.

170. Ojeda, E. 1995. El método del postuclon como vía para la obtención de variedades de caña de azúcar con madurez temprana. Tesis en opción al grado científico de Doctor en Ciencias Agrícolas. Ciego de Ávila, Cuba, Ministerio de Educación Superior, Universidad Agraria de la Habana. 102 p.

171. Ojeda E.; Palmero, O.; Castro, I.; Torres, G. y Castellano, P. 2009. Comportamiento de cultivares de caña de azúcar en condiciones de seguía en la UPC Comandante Guevara de la Empresa Azucarera Ecuador. Memoria Jornada Científica-Productiva 45 Aniversario del INICA. La Habana, Cuba. CD: ISSN1028-6227, 11 p.

172. ONS (Observatorio Nacional de Sequía). 2008. Información básica sobre sequía. España. [Consultado 28, mayo, 2008]. Disponible en: http://www.mma.es/-portal/secciones/acm/aguas_continent_zonas_asoc/ons/obras_ons/index.htm

173. Ortega, E.; Rodés, R.; E. Soto; Peláez, I; R. De Armas; Cabrera, N.; Hieke, B.; Bejottes, M.; J. Pardo; S. Naranjo; V. García y Diez-Cabezas, M. 1989.

Bases fisiológicas de la productividad de la caña de azúcar. La Habana, Editorial Academia. 25 p.

174. Ortiz, R.; Ponce, M.; Caballero, A. y De la Fé, C.. 2000. Evaluación de una colección de germoplasma de soya (Glycine max (L) Merrill) en condiciones abióticas estresantes. Resúmenes XII Seminario Científico del INCA. La Habana, Cuba. p. 172.
175. Otoo, E. and Asiedu, R. 2008. GGE biplot analysis of Dioscorea rotundata cultivar "DENTE" in Ghana. African Journal of Agricultural Research 3(2), pp. 115-125. [Consultado 19, mayo, 2009]. Disponible en: http://www. Academicjournals.org/AJAR
176. Pantuwan, G.; Fukai, S.; Cooper, M.; Rajatasereekul, S. and O'Toole, J.C. 2002. Yield response of rice (Oryza sativa L.) to drought under rainfed lowlands: 3. Plant factors contributing to drought resistance. Field Crop Res. 73: 181–200.
177. Pérez, N. R.; Echevarría, D. L. y García M. A. 2004a. Restructuración de la Industria azucarera: inicios de un debate. Universidad de la Habana. [Consultado 10, noviembre,2009].Diponible en: http://www.uh.cu/infogral/areasuh/vri/-archivos/CAR/seminario2004/PDF/PONENCIAS%-20ORALES/Niurka.-P%E9rez/Niurka.P%E9rez.pdf
178. Pérez, L. J.; Cuéllar, A.; De león, M.; Santana, S.; Fonseca, A. y Pérez, I. M. 2004b. Caña de azúcar: Captación, conservación y manejo del agua y la humedad del suelo. Cuba&Caña. Boletín especial (1): 43.
179. Pérez, G.; Chinea, A.; Abrantes, I.; Cabrera, L.; Carvajal, O. y Vidal, S. 2007. Base genética de la caña de azúcar en Cuba y su influencia sobre la obtención de variedades resistentes a enfermedades. Memorias 60 Aniversario EPICA Antonio Mesa. CD ISSN1028-6527.
180. Piedra, C. P. 2010. Las tradiciones campesinas y su papel en la sostenibilidad agrícola: Estudio de caso. Tesis en opción al grado de Máster en Ciencias Agrícolas. Universidad de Guantánamo, Facultad Groforestal de Montaña. 85 p
181. Pineda, E. 2002. Los factores edáficos y la respuesta de la caña de azúcar a los fertilizantes. Tesis en opción al grado científico de Doctor en Ciencias Agrícolas. La Habana. 123h, Ministerio de Educación Superior, Universidad Agraria de la Habana. 100 p.

182. Pinheiro, H. A. 2004. Physiological and morphological adaptations as associated with drought tolerance in robusta coffee (Coffea canephora Pierre var. Kouillou). Tesis pregrado. Universidad Federal de Viscoa.

183. Price, A.H.; Tomos, A.D. and Virk, D.S. 1997. Genetic dissection of root growth in rice (Oryza sativa L.): I. A hydrophonic screen. Theor. Appl. Genet. 95: 132–142.

184. Ponce de León, D. y Balmaceda, C. 1999. El recurso suelo en el cultivo de la caña de azúcar. La Habana, Instituto Nacional de Investigaciones de la caña de azúcar. 115 p.

185. Puchades, Y.; Rodríguez, R.; Arteche, J.; Bernal, N.; Jorge, H. y Cornide, M. T. 2009. Base genética de los cultivares de caña de azúcar, explotados comercialmente en Cuba entre 1965 y 2008. Memoria Jornada Científica-Productiva 45 Aniversario del INICA. La Habana, Cuba. 11 p. CD ISSN1028-6227.

186. Queme, J. L.; Crossa, J.; Orozco, H.; Melgar, M. 2006. Analysis of genotype-by-environment interaction for Sugarcane using the sites regression model (SREG). Proc. Int. Soc. Sugar Cane Technol. 26: 764-769.

187. Queme, J.L.; Orozco, H. and Melgar, M. 2010. GGE biplot analysis used to evaluate cane yield of sugarcane (saccharum spp.) Cultivars across sites and crop cycles. Proc. Int. Soc. Sugar Cane Technol. 27: 5 p.

188. Reynoso, A. 1878. Ensayo Sobre el Cultivo de la Caña de Azúcar. Tercera Ed. París, 372 p.

189. Roldós, J. O. 1986. Evaluación de algunos factores edáficos limitantes de la producción de la caña de azúcar. Tesis en opción al grado de científico de Doctor en Ciencias Agrícolas. La Habana, Cuba. Ministerio de Educación Superior, Universidad Agraria de la Habana. 100 p.

190. Sakaigaichi T.; Terajima, Y.; Sugimoto, A.; Irei, S.; Fukuhara, S.; Matsuoka, M.; Ujihara, K.; Abe, J. and Tarima, R. 2007. Comparison of root distribution and root growth direction in two sugarcane hybrids with contrasting tolerance to water stress. Proc. Int. Soc. Sugar Cane Technol. 26: 754-757.

191. Samarah, N. H.; Mullen, R. E.; Cianzio, S. R. and Scout, P. 2006. Dehydrin-Like Proteins in Soybean Seeds in Response to DroughtStress during Seed Filling. Crop Sci. 46: 2141–2150.

192. Sevilla, G. E. y Woodgate, E. 1997. Sustainable rural development: from industrial agricultura to agroecology. The International Handbook of Environmental Sociology. Edward Elgar. Cheltenham, p.20.

193. Slávik, G. 1974. Water loss by detached leaves. In Methods of studying Plant Water Relations. Academia Praga. p.284-285.

194. Shishov, L. 1983. Factores del suelo que limitan el crecimiento y la productividad de la caña de azúcar (Inédito). 16 p.

195. Shukla, G.K. 1972. Some statistical aspects of partitioning genotype-environmental components of variability heredity. Crop Sci. 29(2): 237-245.

196. Skinner, J. C. 1971. Selection in sugarcane. A review. Proc. ISSCT XIV Congress. Lousiana, E.U. p 149-162.

197. Solano, O. y Vázquez, R. 2002. Estudio de caso de la Sequía Agrícola en las cinco provincias más orientales de Cuba. (Disco compacto) Memorias del Primer Seminario Taller "La Física en la Meteorología". Ciudad de La Habana. Cuba. 23 p.

198. Soler, L.; Barroso, G.; Guardarrama, L.; Abrantes, I. y Sánchez, R. 2003. Estudio de dos indicadores de la madurez de la caña de azúcar para el ordenamiento de la cosecha. XV Forum Municipal de Ciencia y Técnica. Jovellanos. Julio 15-16. 10 p.

199. Smith, E. P. 2002. Biplot program. Statistics Department of Virginia Tech. [Consultado 15, enero, 2010]. Disponible en: http://www.stat.vt.edu-/facstff/epsmith.html

200. Smith, D.M.; Inman-Bamber, N.G. and Thorburn, P. J. 2005. Growth and function of the sugarcane root system. Field Crops Res. 92: 169–183.

201. StatSoft, Inc. 2007. STATISTICA (Data Analysis Software System), version 8.0. www.statsoft.com.

202. Storck, L. and Vencovsky, R. 1994. Stability analysis on a bi-segmented discontinuous model with measurement errors in the variables. Revista Brasileira de Genética, 17 (1): 75-81.

203. Thomas, C. 2004. Extinction risk from climate change. Nature 427(6970):138-145. DOI 10.1038/nature02121.

204. Toorchi, M., Shashidhar, H.E.; Gireesha, T.M. and Hittalmani, S. 2003. Performance of backcross involving trangressant doubled haploid lines in rice under contrasting moisture regimes: Yield components and marker heterozygosity. Crop Sci. 43: 1448–1456.

205. Torres, B.; Barquié, O.; Ruiz, O.; Rodríguez, M.; Díaz, P.; Maribona, P.; Niubó, E.; Coto, O. y Mitchel R. 1994. Análisis bioquímicos y fisiológicos: Su posible relación con los mecanismos de tolerancia a la salinidad. Resúmenes V Jornada Científica INICA. 126 p.

206. Torres, S.; Nerey, Y.; Águila, E.; Aguilar, R.; y Rodríguez, M. 2001. Determinación del grado de tolerancia a la sequía en sorgo (Sorghun bicolor, Moench). Rev. Centro Agrícola 3: 75-80.
207. Trujillo, L.; Menéndez, C.; Ochogavía, M.; Hernández, I.; Borrás, O.; Rodríguez, R.; Coll, Y.; Arrieta, J.; Banguela, A.; Ramírez, R.; Hernández, L. 2009. Engineering drought and salt tolerance in plants using SodERF3, a novel sugarcane ethylene responsive factor. Biotecnología Aplicada. Versión On-line ISSN 1027-2852. [consultado 12, enero, 2012]. Disponible en: http://scielo.sld.cu.scielo.php?pid=1027-852200920001l&script=sci _arttext
208. UNDP. 2008. United Nations Development Program. Summary: Fighting climate change. 8 p.
209. Valladares, F. 2004. Ecología del bosque mediterráneo en un mundo cambiante. Madrid, Ministerio de Medio Ambiente, EGRAF, S. A. ISBN: 84-8014-552-8. p164-168.
210. Varela, M. 2002. Los métodos Biplot como herramienta de Análisis de Interación de orden superior en un Modelo Lineal/Bilineal.PhD thesis. España, Universidad de Salamanca. 136 p.
211. Varela, M. y Castillo, J. 2005. Modelos con término multiplicativo. Aplicación en el análisis de la interacción Genotipo Ambiente. Rev. Cultivos Tropicales 26(3): 71-75.
212. Valera, M.; Crossa, J.; Rane, J., Joshi, A.K.and Trethowan, R. 2006. Analysis of a three-way interaction including multi-attributes. Australian Journal of Agricultural Research 57: 1185-1193.
213. Varela, M.; Vicente, J.L.; Purificación, G.; Blázquez, A.; Castillo, G.L. y Estévez, A. 2008. Una generalización de los modelos AMMI basada en el algoritmo de Tuckals3 para el análisis de componentes de tres modos. Rev. Cultivos Tropicales, 29(1): 69-72.
214. Varela, M.; Crossa, J.; Kumar, A.; Paul, J.; Cornelius, L.; and Manes, Y. 2009. Generalizing the Sites Regression Model to Three-Way Interaction Including Multi-Attributes Crop Science 49: 1-15.
215. Vasconcelos, A.C.M. 2002. Desenvolvimento do sistema radical e da parte aérea de socas de cana-de-açúcar sob dois sistemas de colheita: crua mecanizada e queimada manual. Jaboticabal. Tese Doutorado. São Pablo, Brazil. UNESP/FCAV. 140 p.

216. Vasconcelos, A.C.M.; Casagrande, A.A.; Perecin, D.; Jorge, L.A.C. and Landell, M.G.A. 2003. Avaliação do sistema radical de cana-de-açúcar por diferentes métodos. Revista Brasileira de Ciência do Solo 27: 849-858.

217. Vega, A. 1993. Evaluación de algunos aspectos relacionados con la etapa intermedia de selección de la caña de azúcar en Cuba. Tesis en opción al grado científico de Doctor en Ciencias Agrícolas. Camagüey, Cuba, Ministerio de Educación Superior, Universidad Agraria de la Habana. 103 p.

218. Venuprasad, R.; Lafitte, H. R.; and Atlin, G. N. 2007. Response to Direct Selection for Grain Yield under Drought Stress in Rice. Crop Sci. 47: 285–293.

219. Vera, A.; A. Vega; V. Caraballoso; R. González y R. Rábago. 1994. La confusión de las cepas y años. Su importancia en estudios de Interacción GxE en caña de azúcar. Resúmenes V Jornada Científica del INICA. La Habana, Cuba. 56 p.

220. Villegas, R. y Benítez, L. Editores. 2003. Informe INICA, MINAZ. Evaluación de la aptitud física de las tierras dedicadas al cultivo de la caña de azúcar en Cuba, base para la diversificación de la agroindustria azucarera. La Habana, Cuba.

221. Viqueira, L.; Gómez, L. y Rodríguez, C. 1981. Efecto del déficit de agua sobre la actividad de la nitrato reductasa en caña de azúcar. Memoria 43 Conferencia ATAC. La Habana, Cuba, p. 97-112.

222. Viqueira, L.; Acosta, I. y Rodríguez, C.R. 1986. La retención de agua en hojas de diferentes variedades de caña de azúcar. Rev. INICA 1:62-70.

223. Waclawovsky, A.; Sato, P.; Lembke, G.; Moore, P. and Sousa G. 2010. Sugarcane for bioenergy production: an assessment of yield and regulation of sucrose content. Plant biotechnology Journal 8: 263-276.

224. Ward, J.H. 1963. Hierarchical grouping to optimize an objective function. J. Am. Stat. Assoc. 58: 236–244.

225. Westcott, B. 1987. A method of assessing the yield stability of crop genotypes. J. Agric. Sci. 108: 267-274.

226. Wricke, G. 1962. Ubereine methode zur erfassung der Okologischen streubreite in feldversuchen. Zeitschrift fur Panzenz uchtung, 47(1): 92-96.

227. Yan, W., Hunt, L.A.; Sheng, Q. and Szlavnics. Z. 2000. Cultivar evaluation and mega-environment investigation based on the GGE biplot. Crop Sci. 40: 597-605.

228. Yan, W. 2001. GGEbiplot – A Windows application for graphical analysis of multienvironment trial data and other types of two-way data. Agron. J. 93: 1111–1118.

229. Yan, W.and Hunt, L.A. 2002. Biplot Analysis of Diallel Data. Crop Sci. 42: 21–30.

230. Yan, W., and Kang, M.S. 2003. GGE biplot analysis: A graphical tool for breeders, geneticists, and agronomists. Boca Raton, FL CRC Press. 10 p.

231. Yan, W., and Tinker, N.A. 2006. Biplot analysis of multi-environment trial data: Principles and applications. Can. J. Plant Sci. 86: 623–645.

232. Yan, W., Kang, M.S.; Ma, B., Woods, S. and Cornelius, P.L. 2007. GGE biplot vs. AMMI analysis of genotype-by-environment data. Crop Sci. 47: 643–655.

233. Yue, G.L.; Roozeboom, K.L.; Schapaugh Jr. and Liang, G.H. 1997. Evaluation of soybean cultivars using parametric and nonparametric stability estimates. Plant Breeding 116(3): 271-275.

8. ANEXOS

Anexo 1. Diagnóstico de la intensidad de la sequía agrícola en Cuba para un año normal: anual (a), período lluvioso (b) y período poco lluvioso (c).

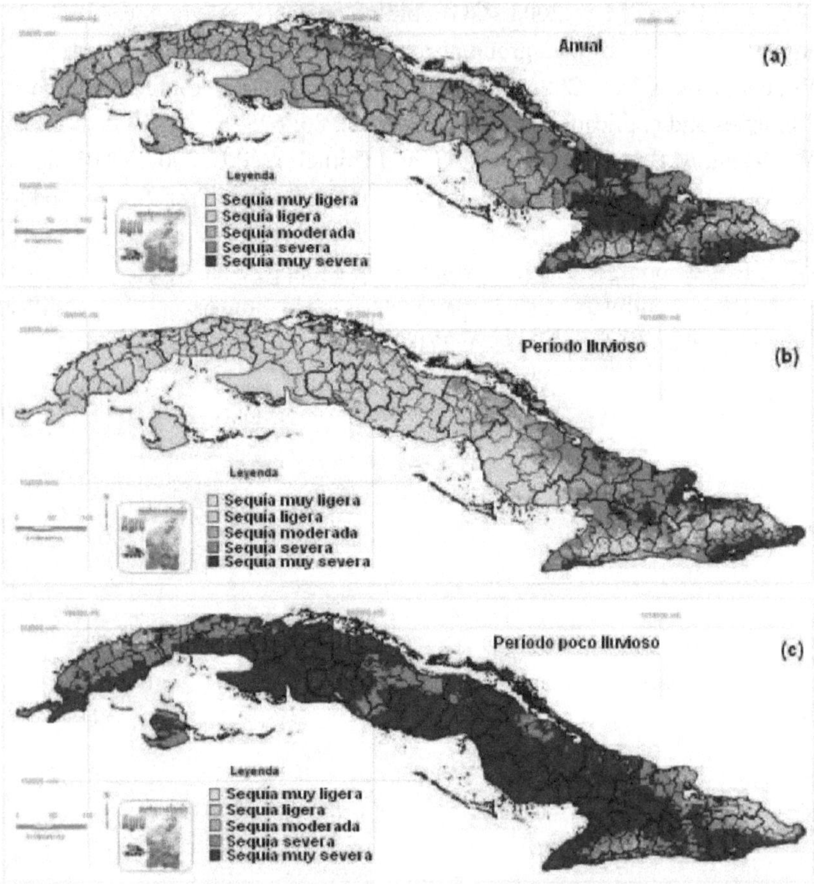

Anexo 2. Variables utilizadas en la caracterización de los sitios estudiados

No.	Nombre	U/M	Cantidad	Origen
1	Temp. mínima mensual (Tmín_M)	ºC	12	Clima
2	Temp. mínima anual (Tmín_A)	ºC	1	
3	Temp. máxima mensual (Tmáx_M)	ºC	12	
4	Temp. máxima anual (Tmáx_A)	ºC	1	
5	Temp. media mensual (Tmed_M)	ºC	12	
6	Temp. media anual (Tmed_A)	ºC	1	
7	H. R. mínima mensual (HRmín_M)	%	12	
8	H. R. mínima anual (HRmín_A)	%	1	
9	H. R. máxima mensual (HRmáx_M)	%	12	
10	H. R. máxima anual (HRmáx_A)	%	1	
11	H. R. media mensual (HRmed_M)	%	12	
12	H. R. media anual (HRmed_A)	%	1	
13	Evapotranspiración mensual (EVP_)	mm	12	
14	Evapotranspiración anual (EVT)	mm	1	
15	Lluvia mensual (Lluv_M)	mm	12	
16	Lluvia anual (Lluv_A)	mm	1	
17	Lluvia mayo-octubre (Lluv_M-O)	mm	1	
18	Lluvia nov.-abril (Lluv_N-A)	mm	1	
19	Velocidad del viento mensual (VV_M)	m/s	12	
20	Velocidad del viento anual (VV_A)	m/s	1	
21	Brillo solar mensual (BS_M)	horas/día	12	
22	Brillo solar anual (BS_A)	horas/día	1	
23	Índice de aridez (I_Aridez)	-	1	
24	Duración del período de crecimiento (DPC)	Días	1	
25	Materia Orgánica (MO)	%	1	Suelo
26	Fósforo (P_2O_5)	mg/100g de suelo	1	
27	pH(agua)	-	1	
28	pH(KCl)	-	1	
29	Calcio (Ca)	mEq/100g de suelo	1	
30	Magnesio (Mg)	mEq/100g de suelo	1	
31	Potasio (K^+)	mEq/100g de suelo	1	
32	Sodio (Na^+)	mEq/100g de suelo	1	
33	Principales cationes cambiables (S)	mEq/100g de suelo	1	
34	Profundidad efectiva (PE)	cm	1	
35	Textura (TEX)	%	1	
36	Capacidad de Campo (CC)	% pps	1	
37	Densidad aparente (Da)	% < 0.02 mm	1	
38	Porosidad total (Pt)	%	1	
39	Velocidad de infiltración (Vel_Inf.)	mm/h	1	
40	Punto de marchitez permanente (PMP)	% pps	1	

FSC
www.fsc.org
MIX
Papier | Fördert gute Waldnutzung
FSC® C083411

Kolibri 360 GmbH
Ferdinand-Jühlke-Straße 7
99095 Erfurt, Deutschland
produktsicherheit@kolibri360.de

Druck:
CPI Druckdienstleistungen GmbH
im Auftrag der
Kolibri 360 GmbH
Ferdinand-Jühlke-Str. 7
99095 Erfurt